Revathi G
Radha S
Anitha G

Componentes compactos de microfita multibanda para sistemas sem fios avançados

Revathi G
Radha S
Anitha G

Componentes compactos de microfita multibanda para sistemas sem fios avançados

ScienciaScripts

Imprint
Any brand names and product names mentioned in this book are subject to trademark, brand or patent protection and are trademarks or registered trademarks of their respective holders. The use of brand names, product names, common names, trade names, product descriptions etc. even without a particular marking in this work is in no way to be construed to mean that such names may be regarded as unrestricted in respect of trademark and brand protection legislation and could thus be used by anyone.

Cover image: www.ingimage.com

This book is a translation from the original published under ISBN 978-620-8-11863-1.

Publisher:
Sciencia Scripts
is a trademark of
Dodo Books Indian Ocean Ltd. and OmniScriptum S.R.L publishing group

120 High Road, East Finchley, London, N2 9ED, United Kingdom
Str. Armeneasca 28/1, office 1, Chisinau MD-2012, Republic of Moldova, Europe
Printed at: see last page
ISBN: 978-620-8-27053-7

Componentes compactos de microfita multibanda para sistemas sem fios avançados

Dr. G. Revathi
Dr. S. Radha
Dr. Anitha G

Agradecimentos

Família e amigos

Escola de Engenharia Saveetha

Instituto Saveetha de Ciências Médicas e Técnicas (SIMATS)

Universidade Saveetha

Sobre os autores

A Dra. G. Revathi trabalha atualmente como Professora Associada no Departamento de Engenharia Eletrónica e de Comunicações na Escola de Engenharia Saveetha, SIMATS, Chennai. Obteve o seu bacharelato em Engenharia Eletrónica e de Comunicações na Faculdade de Engenharia Sri Subramanya, afiliada à Universidade de Anna, Chennai, e o seu mestrado em Sistemas de Comunicação na Faculdade Nacional de Engenharia, afiliada à Universidade de Anna, Chennai, e o seu doutoramento (a tempo inteiro) na Faculdade de Engenharia SSN, Universidade de Anna, Chennai. Tem 10 anos de experiência de ensino e 5 anos de experiência de investigação como bolseira de investigação a tempo inteiro. Publicou 20 artigos de investigação em várias revistas e actas de conferências nacionais e internacionais. Os seus interesses de ensino e investigação incluem a conceção e o fabrico de componentes miniaturizados de microfita multibanda, antenas, filtros e vários dispositivos de micro-ondas.

A Dra. S. Radha, Professora e Vice-Diretora do SSN College of Engineering, tem 28 anos de ensino e 20 anos de experiência de investigação na área das redes sem fios. Licenciou-se em Engenharia Eletrónica e de Comunicações na Universidade de Madurai Kamraj em 1989. Obteve o grau de Mestre em Eletrónica Aplicada com a primeira classificação no Government College of Technology, Coimbatore, e o grau de Doutoramento no College of Engineering, Guindy, Anna University, e Chennai. Trabalhou também como investigadora visitante na Universidade Carnegie Mellon durante um período de seis meses com o Prof. Raj Rajkumar na área das redes de sensores sem fios. Tem 149 publicações em revistas internacionais e nacionais, 1 livro, 6 capítulos de livros e 92 artigos em conferências internacionais e nacionais na área das redes móveis ad hoc e das redes de sensores sem fios. 9 académicos obtiveram o seu doutoramento sob a sua orientação e, atualmente, 8 académicos e 1 investigador associado estão a fazer investigação na área das redes de sensores sem fios, dispositivos de recolha de energia, IoT e rádios cognitivos.

A Dra. Anitha G trabalha atualmente como Professora Associada no Departamento de Engenharia Eletrónica e de Comunicações na Escola de Engenharia Saveetha, SIMATS, Chennai. Obteve a sua licenciatura no departamento de ECE da Faculdade de Tecnologia PSG, Universidade Anna, Chennai, em 2009. Obteve o seu Mestrado em Tecnologia de Sistemas de Comunicação na Universidade B. S. Abdur Rahman, Chennai, em 2011. Concluiu o seu doutoramento em Engenharia Eletrónica pelo Instituto de Tecnologia de Vellore, Chennai, em 2019. Ela tem mais de 10 anos de experiência no campo acadêmico e de pesquisa. Seus interesses de pesquisa incluem design de antena, interrutor RF MEMS, deslocador de fase MEMS, materiais, processamento de imagem e etc., ela tem a associação profissional no IEEE e ISTE.

RESUMO

Os componentes miniaturizados de microfita multibanda são dispositivos de micro-ondas de tamanho compacto, de baixo custo, multifuncionais e de alta integridade. Estes podem ser fabricados com recurso à tecnologia de circuitos impressos. Encontram aplicação nas recentes redes de comunicações sem fios 5G e mais além e estão associados a diferentes normas sem fios, como o sistema global de comunicações móveis (GSM), a rede local sem fios (WLAN) e a interoperabilidade mundial para acesso por micro-ondas (Wi-MAX). Além disso, são utilizadas diferentes técnicas para conseguir um funcionamento multibanda e a miniaturização de componentes passivos de micro-ondas, como filtros, antenas, acopladores e divisores de potência.

A primeira parte do livro trata da conceção do filtro de banda de microfita de banda tripla que funciona nas frequências de 1,8 GHz, 2,4 GHz e 3 GHz. Foi concebido a partir de um filtro de banda estreita convencional de microfita, em que cinco ressoadores de circuito aberto em forma de "L" são acoplados electromagneticamente à linha de transmissão central. Este filtro foi fabricado em substrato FR-4 com constante dieléctrica de 4,3 e espessura de 1,6 mm. O funcionamento multibanda e a miniaturização do filtro foram conseguidos utilizando orifícios de passagem e linhas de transmissão. O orifício de passagem colocado na extremidade de cada ressonador L do filtro de paragem de banda convencional converte stubs de meio comprimento de onda em circuito aberto em stubs de um quarto de comprimento de onda em curto-circuito e reduz o seu comprimento total de 126 mm para 63 mm. O conceito de linhas de espiras é utilizado para obter um funcionamento multibanda, bem como a miniaturização. As spurlines são realizadas através da gravação de uma ranhura em forma de "L" numa linha de microfita e podem funcionar como um filtro de banda estreita. Neste projeto, duas linhas de espirais de comprimentos diferentes, concebidas para funcionar a duas frequências diferentes, substituíram dois ressoadores em forma de L no filtro de paragem de banda convencional. As espiras atingiram a ressonância a 1,8 GHz e 3 GHz e aumentaram a largura de banda de -6 dB da frequência central a 2,4 GHz em 14%. Os orifícios de passagem e as linhas de espiras reduziram o comprimento do filtro de 126 mm para 45 mm. O filtro proposto funciona a 1,8 GHz, 2,4 GHz e 3 GHz com larguras de banda fraccionadas de 20 %, 12 % e 22 %, respetivamente, no nível de referência de 3 dB de perda de inserção. O filtro tem uma boa resposta de perda de retorno de 64 dB, 63 dB e 62 dB a 1,8 GHz, 2,4 GHz e 3 GHz, respetivamente, e perdas de inserção máximas de 0,1 dB em cada frequência de funcionamento. O filtro multibanda miniaturizado de paragem de banda é muito útil em hotspots, para rejeitar respostas de frequência indesejadas e espúrias.

A segunda parte deste livro concentra-se na conceção de um filtro passa-banda de microfita multibanda miniaturizado. Este filtro entra em ressonância na banda de frequência Wi-MAX de 3,5 GHz e nas frequências WLAN de 2,4 GHz e 5,2 GHz. Apesar de os filtros construídos com tecnologia microstrip reduzirem a sua estrutura, este projeto utiliza ressonadores de impedância escalonada para reduzir ainda mais o seu tamanho. O controlo individual das frequências foi conseguido utilizando um caminho separado com ressonadores de impedância escalonada de três secções. Cada ressoador de impedância escalonada de secção tripla foi formado utilizando três stubs de impedância diferentes ligados em paralelo e as relações de impedância entre as impedâncias adjacentes controlam as frequências ressonantes e as respostas espúrias. O caminho ressonante que provoca a frequência de ressonância de 3,5 GHz contém stubs meandrados para reduzir o tamanho dos filtros na direção vertical. A ressonância ocorreu a 2,4 GHz, 3,5 GHz e 5,2 GHz com uma largura de banda fraccionada de 3 dB de 32,5%, 6,28% e 2,8%, respetivamente. A perda de retorno dentro das três bandas passantes é inferior a 10 dB. A perda de inserção é de 0,5 dB, 2 dB e 3 dB, respetivamente, a 2,4 GHz, 3,5 GHz e 5,2 GHz.

A última secção deste livro destaca a conceção de um sistema de antena compacto multi-input e multi-output (MIMO). O MIMO tem vantagens como a elevada eficiência espetral e a grande capacidade do sistema. A miniaturização do sistema é efectuada através da redução do espaçamento entre os elementos da antena no MIMO. No entanto, isto provoca um forte acoplamento mútuo. Neste caso, foi escolhida uma antena monopolar em forma de F invertido com uma ranhura em L invertido como elemento MIMO para funcionar em três bandas, nomeadamente 2,4 GHz, 3,5 GHz e 5,5 GHz, que funcionam segundo as normas WLAN e Wi-MAX. Para reduzir o acoplamento mútuo e melhorar o isolamento entre os elementos da antena, foi utilizado um ressonador de laço assimétrico carregado com espículas. As espiras são linhas de transmissão não uniformes ou cónicas e foram adicionadas três espiras de comprimentos diferentes na parte superior do ressoador em anel, o que torna a estrutura assimétrica. As ondas de superfície que atingem a unidade de desacoplamento viajam por dois caminhos diferentes e preservam um grande intervalo de banda no final. O uso de uma linha cônica produz um transformador quase ideal, para freqüências acima das freqüências de corte da linha de transmissão, de acordo com a taxa de conicidade e a velocidade de fase no meio de transmissão. Isto corresponde às resistências desiguais em frequências de banda larga. Assim, o ressonador de laço assimétrico carregado de espiras actua como um ressonador de banda larga para uma gama de frequências de 2 GHz -10 GHz. O ressoador de laço assimétrico carregado de espículas foi colocado entre as antenas monopolar tri-banda para suprimir as ondas de superfície. A unidade de desacoplamento actuou como um ressonador de banda larga e melhorou o isolamento em 6 dB, 24 dB e 10 dB a 2,4 GHz, 3,5 GHz e 5,5 GHz, respetivamente. Os conjuntos de antenas de entrada múltipla e saída múltipla são essenciais para os sistemas sem fios LTE, LTE-A, 5G e Wi-Fi.

ÍNDICE DE CONTEÚDOS

CAPÍTULO 1

INTRODUÇÃO A COMPONENTES MINIATURIZADOS MULTIBANDA DE MICROFITA

1.1 COMUNICAÇÃO POR MICROONDAS

As comunicações por micro-ondas utilizam ondas electromagnéticas com frequências que variam entre 300 MHz e 300 GHz, o que corresponde a comprimentos de onda (no espaço livre) que variam entre 1 m e 1 mm. As várias bandas de frequência das regiões de micro-ondas são apresentadas no quadro 1.1.

Tabela 1.1 Bandas de frequência das regiões de micro-ondas

Banda de frequência	Gama
VHF	50-500 MHz
UHF	500-1000 MHz
L	1-2 GHz
S	2-4 GHz
C	4-8 GHz
X	8-12,4 GHz
Ku	12,4-18 GHz
K	18-26,5 GHz
Ka	26,4-40 GHz
Q	33-50 GHz
U	40-60 GHz
V	50-75 GHz
W	75-110 GHz
F	90-110 GHz

Os sinais de micro-ondas são utilizados em vários sistemas de comunicação sem fios, como Wi-Fi, Wi-MAX, sistemas de comunicação pessoal de banda larga, tecnologias 3G, 4G e 5G, radar, navegação, radioastronomia, deteção e instrumentação médica. A maioria dos sistemas de comunicação por satélite opera nas bandas C, X, Ku e Ka do espetro. Esta banda proporciona uma grande largura de banda e evita a absorção de frequências muito altas (VHF) da atmosfera. As aplicações de comunicações militares funcionam no espetro das bandas X e Ku. A comunicação por micro-ondas é o método de transmissão de dados mais utilizado por vários fornecedores de serviços.

O transcetor de comunicações por micro-ondas envolve vários dispositivos activos e passivos. Os componentes activos de micro-ondas, como díodos, transístores e tubos de electrões, são utilizados para deteção, mistura, amplificação, multiplicação e comutação de frequências e como fonte de sinais de radiofrequência (RF) e de micro-ondas. Componentes como isoladores, acopladores direcionais, divisores de potência, atenuadores, amplificadores e filtros funcionam como dispositivos passivos e não necessitam de fontes de alimentação dedicadas para o seu funcionamento. Além disso, são utilizados conjuntos de antenas lineares e conjuntos de antenas de entrada múltipla e saída múltipla (MIMO) para obter o máximo ganho e largura de banda em sistemas de micro-ondas.

Antigamente, os circuitos de micro-ondas eram considerados como uma série de componentes electrónicos volumosos e tubos maciços. Mais tarde, foram utilizadas técnicas convencionais de guias de ondas. As guias de onda convencionais têm baixas perdas e valores de qualidade (Q) elevados, mas, ao mesmo tempo, são também volumosas e difíceis de integrar com outros componentes. Para reduzir o tamanho dos componentes de micro-ondas, os cientistas criaram dispositivos de micro-ondas planares que são formados por padrões bidimensionais metalizados numa superfície dieléctrica plana.

1.2 TECNOLOGIA DE MICROONDAS PLANARES

A estrutura planar de micro-ondas imprime estruturas de linhas de transmissão no substrato para realizar o funcionamento do circuito. As diferentes estruturas planares de micro-ondas são: (i) microstrip (ii) slot line (iii) guia de ondas coplanar e (iv) tiras coplanares. A figura 1.1 representa as diferentes estruturas planares.

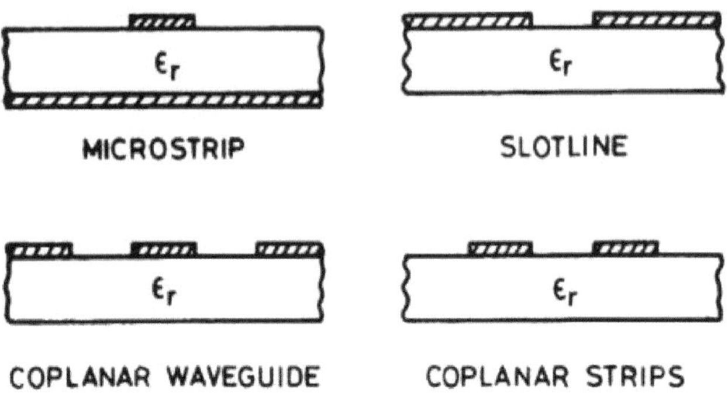

(Fonte: Gupta *et al.* 1996)

Figura 1.1 Linhas de transmissão planas utilizadas em circuitos de micro-ondas

As caraterísticas dos elementos numa configuração planar podem ser facilmente determinadas pelas dimensões de um único plano. Consequentemente, o fabrico pode ser facilmente efectuado através de técnicas de fotolitografia e de fotogravação de películas finas, o que conduz a circuitos integrados de micro-ondas híbridos e monolíticos (MMIC).

1.2.1 Tecnologia Microstrip

A estrutura planar de microstrip tem três camadas e o condutor e o plano de terra estão separados pelo substrato dielétrico. Os condutores ou linhas de microfita são utilizados para transportar sinais de microfita. Pode ser facilmente realizada utilizando placas de circuito impresso. O modo de propagação da onda é principalmente a onda electromagnética transversal (TEM). Componentes como antenas, acopladores, filtros e divisores de potência podem ser obtidos utilizando a tecnologia microstrip. Além disso, a microfita é menos dispendiosa e mais compacta quando comparada com as tecnologias de guias de ondas. A Figura 1.2 representa a estrutura básica de microstrip. As outras estruturas incluem a microstrip invertida, a microstrip suspensa, a guia de onda dieléctrica em banda e a guia de onda dieléctrica em banda invertida.

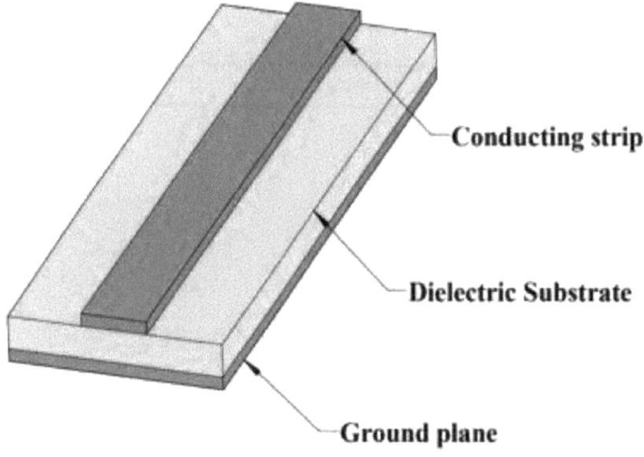

Figura 1.2 Estrutura básica de microfita

Em vez de utilizar a tensão, a corrente e a resistência ligadas à lei de ohm, a potência e a energia de radiofrequência definidas pelas equações de Maxwell e as interações dos campos eléctricos com os campos magnéticos têm sido utilizadas para analisar os circuitos de micro-ondas. Apresentam-se de seguida as diferentes técnicas de análise de microfitas.

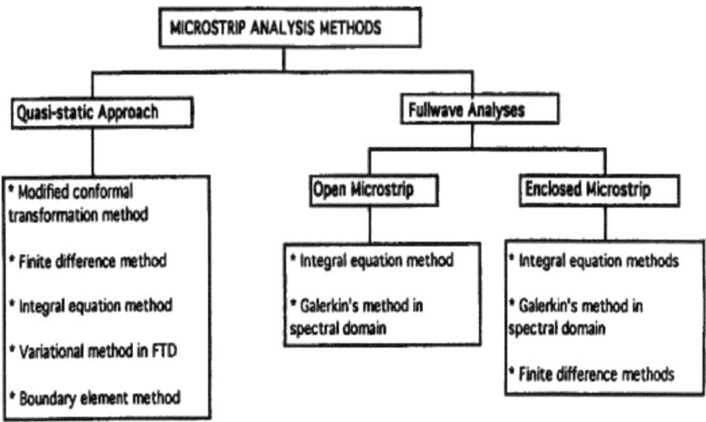

(Fonte: Gupta *et al.* 1996)

Figura 1.3 Métodos de análise de microfita

1.3 NECESSIDADE DE MINIATURIZAÇÃO E FUNCIONAMENTO MULTIBANDA DOS COMPONENTES DE MICROFITA

- Os recentes desenvolvimentos nas comunicações sem fios exigem a miniaturização dos circuitos e operações multibanda.
- Uma vez que os dispositivos multibanda funcionam em várias frequências, não são necessários dispositivos individuais para as frequências individuais correspondentes. Como resultado, reduz-se o espaço ocupado.
- Os dispositivos miniaturizados e multibanda podem ser facilmente integrados noutros dispositivos.
- As antenas multibanda satisfazem diferentes normas de comunicação.

1.4 PESQUISA BIBLIOGRÁFICA

O recente sistema de comunicações sem fios requer dispositivos de pequena dimensão, eficientes em termos de custos, multibanda, de grande largura de banda e de elevado desempenho para funcionar. A maioria das actividades e requisitos emergentes para o sistema de comunicações móveis 5G foi analisada por Arun Kumar & Manisha Gupta (2018).

O filtro de banda de microfita bloqueia as frequências indesejadas no sistema de comunicação. Existem várias técnicas de conceção disponíveis para construir e miniaturizar os filtros de banda microstrip. A. Boutejdar *et al.* (2010) criaram um filtro de paragem de banda utilizando as estruturas de terra com defeito (DGS). No seu estudo, foram feitas estruturas octogonais no plano de terra. Foi possível obter uma frequência de corte acentuada e boas caraterísticas de banda de paragem utilizando o efeito de onda lenta e o princípio de acoplamento eletromagnético. No entanto, a radiação para trás foi um inconveniente associado. Também foram projectados filtros de banda de microfita compactos utilizando linhas de recorte e stubs abertos simples (Wen-Hua Tu *et al.* 2005). Os spurlines são as ranhuras feitas na linha de microfita que actuam como filtro de paragem de banda e a adição de orifícios de passagem nos stubs reduz o tamanho total do filtro (Azhar Hasan *et al.* 2016).

Uchida *et al.* (2004) apresentaram uma frequência ressonante dupla utilizando uma transformação de variável de frequência para um protótipo passa-baixo e, neste caso, foi utilizado um ressoador de impedância escalonada para a realização de caraterísticas de banda de paragem dupla (Chin *et al.* 2007). A estrutura em espiral com ranhura retangular (Cheng *et al.* 2012) e a estrutura de microfita com ranhura meândrica (Ning *et al.* 2012) geram zeros de transmissão para duas frequências diferentes. Mas o seu controlo sobre a frequência dupla é muito reduzido. Ao contrário de outros componentes passivos de microstrip, um filtro de banda tripla com paragem de banda é relativamente menor devido às suas dificuldades de conceção. Foi proposto um filtro de banda tripla (Rambabu *et al.* 2006), que funciona através da adoção de uma nova secção de banda de paragem sintonizável, para suprimir as interferências de banda estreita em aplicações de banda ultralarga

(UWB). Além disso, foi concebida uma estrutura de microfita com defeito (DMS) de secção T interior para obter uma ressonância tri-banda (Jian-kang Xiao *et al.* 2014), e dois ressonadores de impedância escalonada de secção tripla dobrada (TSSIR) foram utilizados para a geração de três frequências de ressonância (Kishor Kumar *et al.* 2014). Foi concebido um filtro compacto de paragem de banda de microfita tri-banda utilizando condensadores incorporados para os quais se verificou que o nível de atenuação não era muito elevado (Ashwani Kumar *et al.* 2016).

Os filtros passa-banda multibanda de microfita miniaturizados desempenham um papel vital no moderno sistema de comunicação sem fios. Takahiro Unno *et al.* (2018) conceberam um filtro passa-banda triplo combinando um filtro passa-banda de banda dupla de oito pólos e um filtro passa-banda de banda única. Uma vez que este filtro proporciona uma elevada precisão, tem uma estrutura complexa. Young -Hoon Chun *et al.* (2018) projetaram um filtro de microfita reconfigurável eletronicamente usando ressonadores de loop aberto de microfita de modo duplo. Filtros passa-banda de banda dupla supercondutores de alta temperatura miniaturizados foram projetados usando ressonadores de linha de meandro carregados com stub e são aplicáveis a filtros passa-banda tri-banda. Este filtro permitiu o controlo independente das frequências centrais da primeira e da segunda bandas, mas não de todas as frequências ressonantes (Naoto Sekiya *et al.* 2015).

Feng Wei *et al.* (2016) conceberam um filtro passa-banda tri-banda utilizando ressoadores complementares de anel dividido. Os ressonadores com carga de stub incorporada (ESLR) também foram utilizados para conceber um filtro passa-banda tri-banda supercondutor de alta temperatura; neste caso, foi utilizada uma análise de pares e ímpares (Fei Song 2016). Athukorala & Budimir (2010) apresentaram um filtro passa-banda compacto de segunda ordem baseado num ressoador de circuito aberto de modo duplo.

Foi conseguido um filtro passa-banda de banda dupla utilizando ressonadores de impedância escalonada com um quarto de comprimento de onda (SIR) (Lu *et al.* 2012). Foi conseguido um filtro passa-banda de microstrip tri-banda utilizando ressonadores de impedância escalonada carregados com stub em curto-circuito e ressonadores de impedância uniforme carregados com stub em curto-circuito (UIR) (Haiwen Liu *et al.* 2013). Kaida *et al.* (2013) criaram um novo filtro passa-banda planar compacto de banda tripla utilizando dois conjuntos de ressoadores de impedância escalonada carregados com stub curto e um par de ressoadores de impedância escalonada incorporados (ESIR) empregando estruturas acopladas de alimentação não 0^0 . Foi conseguido um filtro passa-banda tri-banda miniaturizado utilizando ressoadores de impedância escalonada multimodo (Hai-Wen Liu *et al.* 2013) e um ressoador carregado com vários stubs com frequências controláveis (Li Gao *et al.* 2014), foi utilizado um ressoador multimodo (MMR) construído com um ressoador de impedância escalonada de secção tripla assimétrica para obter uma ressonância de banda tripla (Haiwen Liu *et al.* 2016), e foi analisado um ressoador carregado com stub utilizando uma ressonância de banda tripla de emergência de modo par e ímpar.

Os conjuntos de antenas multibanda com portas múltiplas são largamente utilizados nas comunicações por micro-ondas modernas para aplicações como MIMO, deteção de direcções, etc. Tanto nos MIMO como nos conjuntos de antenas, o número de antenas é espaçado a uma determinada distância para melhorar as caraterísticas de desempenho. A redução do espaçamento entre as antenas permite a miniaturização dos conjuntos de antenas, mas resulta num aumento do acoplamento mútuo. Existem várias técnicas disponíveis para reduzir o acoplamento mútuo entre antenas. Mohammed Sharawi *et al.* (2012) introduziram estruturas de terra com defeito para reduzir o acoplamento mútuo entre os elementos da antena. A desvantagem do DGS é a radiação para trás. Uma estrutura electromagnética de bandgap (EBG) constituída por fendas e manchas actua como um filtro de paragem de banda para evitar as ondas de superfície que causam o acoplamento mútuo (Qian Li *et al.* 2015). No entanto, a própria estrutura EBG ocupa muito espaço. Também são utilizadas diferentes estruturas de desacoplamento para reduzir o acoplamento mútuo, o que melhora o isolamento. Foram concebidos e colocados ressoadores como linhas de meandro com ranhuras (Gulam Nabi Alsath *et al.* 2013), estrutura serpentina modificada (Henridass Arun *et al.* 2014) e estrutura ressonante em forma de suástica (Aswathy *et al.* 2015) entre as antenas de banda única para melhorar o isolamento. Foram utilizados ressoadores de laço assimétrico constituídos por linhas de transmissão de comprimento igual e impedância caraterística desigual para aplicações de grande largura de banda (Lakshmi Devi *et al.* 2018).

Os circuladores de microfita planar são componentes não recíprocos que têm sido usados há muito tempo em sistemas de micro-ondas para isolar um recetor de um transmissor. A fim de miniaturizar os circuladores, Tianqi Hao *et al.* (2018) projetaram um circuito interno gradiente como uma pequena junção Y. O circulador de junção de ferrite planar miniaturizado foi conseguido através da integração de um guia de ondas integrado de superfície (SIW) e da transição de microfita no mesmo substrato (Wenquan Che *et al.* 2008).

Os divisores de potência microstrip são utilizados para a divisão e combinação de potência sem perdas. Xiaotao Cai *et al.* (2013) conceberam um divisor de potência microstrip através da utilização da estrutura em forma de serpente para obter um bom desempenho da correspondência de impedâncias nas três portas. Um divisor de potência flexível e miniaturizado foi obtido através do carregamento de stub aberto na porta de entrada e de linhas de transmissão adicionais e da ligação das portas de saída à resistência de isolamento (Francois Burdin *et al.* 2015).

1.5 OBJECTIVOS DO LIVRO

Este livro centra-se no projeto e implementação de filtros e antenas de microfita multibanda miniaturizados. A estrutura do livro é mostrada na Figura 1.4.

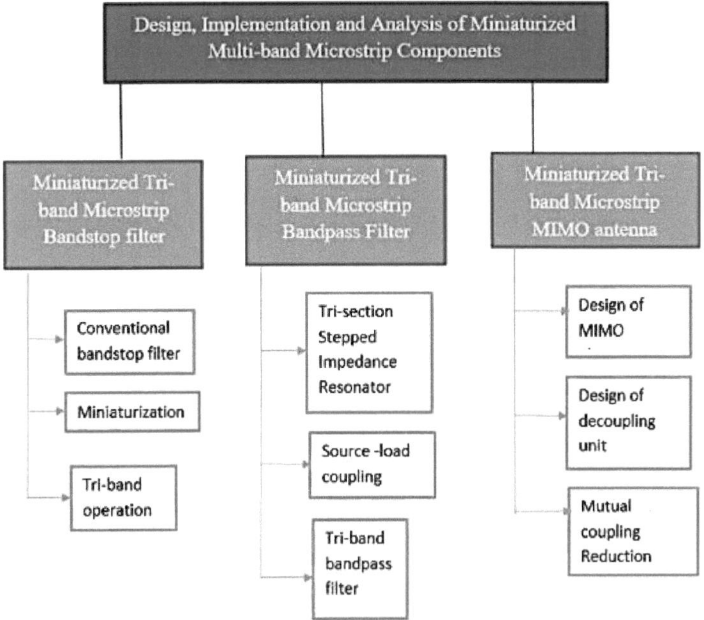

Figura 1.4 Enquadramento do livro

Os principais objectivos do livro são

I. Projetar um filtro de banda de microfita tri-banda miniaturizado para suprimir frequências de sinal indesejadas.

II. Projetar um filtro passa-banda de microfita tri-banda miniaturizado para aplicações WLAN e Wi-MAX.

III. Conceber uma estrutura de desacoplamento para aplicações de rejeição de banda larga.

IV. Conceber um sistema de antena MIMO multibanda miniaturizado através da melhoria do isolamento.

1.6. ORGANIZAÇÃO DO LIVRO

Este livro é composto por cinco capítulos, como indicado a seguir

Capítulo 1: Componentes miniaturizados de microfita multibanda

Capítulo 2: Filtro de banda de microfita tri-banda miniaturizado

Capítulo 3: Filtro passa-banda de microfita tri-banda miniaturizado

Capítulo 4: Sistema de antena MIMO de microfita tri-banda miniaturizado.

Capítulo 5: Conclusão e trabalho futuro

O Capítulo 1 apresenta as comunicações por micro-ondas, a tecnologia planar e as tecnologias de microfita. Além disso, as necessidades de componentes miniaturizados de microfita multibanda são discutidas neste capítulo. Este capítulo faz uma revisão da literatura e discute os objectivos que dela resultaram. Finalmente, este capítulo apresenta a organização do livro.

O Capítulo 2 do livro centra-se na conceção e análise de um filtro de paragem de banda de microfita tripla miniaturizado que funciona a 1,8, 2,4 e 3 GHz, utilizando linhas de microfita em espiral e ligação à terra através de orifícios. Os orifícios de passagem são utilizados para reduzir o comprimento de cada ressoador para metade do seu comprimento original. As linhas de microfita em espiral substituem dois ressoadores nos filtros de microfita convencionais concebidos para uma determinada frequência central. Proporcionam duas frequências ressonantes adicionais e melhoram a largura de banda de -6 dB da frequência central em 14%.

O Capítulo 3 explica a realização de um filtro passa-banda compacto de microfita de banda tripla que funciona nas bandas de frequência WLAN e Wi-MAX de 2,4, 3,5 e 5,5 GHz. Na conceção deste filtro, são utilizados três caminhos separados com ressoadores de impedância escalonada de três secções para obter frequências de ressonância individuais. A utilização de um ressoador de impedância escalonada reduz o tamanho total do filtro e, para reduzir ainda mais o tamanho do filtro, são utilizados os stubs meandrados. Obtém-se uma boa redução do tamanho, baixa perda de inserção, banda passante selectiva e banda de paragem de banda larga.

O Capítulo 4 descreve um conjunto compacto de antenas 2x1 de entrada múltipla e saída múltipla (MIMO), operando a 2,4, 3,5 e 5,5 GHz, obtido através da utilização de técnicas de melhoramento do isolamento. O ressoador de laço assimétrico carregado de espiras é concebido e colocado entre duas antenas monopolo num MIMO para reduzir o acoplamento mútuo e, assim, melhorar o isolamento. O ressoador de laço assimétrico carregado com picos actua como filtro de rejeição de banda larga em frequências de 2 a 10 GHz.

O Capítulo 5 apresenta a conclusão e o âmbito dos trabalhos apresentados neste livro.

1.7 CONTRIBUIÇÃO CONTABILÍSTICA

Os componentes miniaturizados multibanda abordados neste livro contribuem mais para os modernos sistemas de comunicação sem fios. Os componentes miniaturizados podem desempenhar um papel muito importante na redução global do tamanho das comunicações sem fios. Além disso, a procura de dispositivos multibanda, tais como filtros multibanda e antenas multibanda, pode ser utilizada para cobrir muitas aplicações.

O filtro passa-banda multibanda miniaturizado concebido, que funciona nas frequências de 1,8 GHz, 2,4 GHz e 3 GHz, consegue uma redução de 65% do tamanho em comparação com o filtro passa-banda convencional e encontra aplicação em sistemas de comunicação modernos e densos para bloquear as frequências de sinal espúrias e indesejadas. O filtro passa-banda de microfita miniaturizado que funciona a 2,4 GHz, 3,5 GHz e 5,2 GHz é muito útil para WLAN e Wi-MAX. A antena MIMO 2x2 tri-banda que funciona a 2,4 GHz, 3,5 GHz e 5,5 GHz consegue uma boa redução do acoplamento mútuo e uma melhoria do isolamento e encontra aplicação na moderna tecnologia de antenas.

CAPÍTULO 2

FILTRO ANTI-BANDA DE MICROFITA TRI-BANDA MINIATURIZADO

2.1 INTRODUÇÃO

O sistema de comunicações sem fios emergente exige um dispositivo de tamanho compacto, económico, multibanda, de grande largura de banda e de elevado desempenho para o seu funcionamento. Os materiais e as tecnologias de ponta actuais, como a microusinagem, as cerâmicas de cozedura a baixa temperatura (LTCC), os supercondutores de alta temperatura (HTS), os sistemas micro electromecânicos (MEMS), os circuitos integrados de micro-ondas monolíticos, etc., satisfazem as actuais exigências de comunicação. Além disso, os simuladores electromagnéticos (EM) de onda completa revolucionaram a indústria de conceção.

Este capítulo aborda o projeto de um filtro de banda de microfita de banda tripla miniaturizado que funciona a 1,8 GHz, 2,4 GHz e 3 GHz, utilizando linhas de microfita em espiral e ligação à terra através de orifícios. As linhas de microstrip spur substituem dois ressonadores nos filtros de microstrip convencionais concebidos para a frequência central de 2,4 GHz. Isto proporciona duas frequências ressonantes adicionais e melhora a largura de banda de -6 dB em 14% na frequência central. Os orifícios de passagem são utilizados para reduzir o comprimento de cada ressoador para metade do seu valor original, reduzindo assim o tamanho do filtro. Os filtros de microfita multibanda miniaturizados são utilizados para bloquear simultaneamente as frequências de sinal espúrias e indesejadas e têm aplicação em sistemas de comunicação modernos e densos.

2.2 NOÇÕES BÁSICAS DE UM FILTRO

Os filtros são o bloco de construção muito importante na engenharia de RF/Micro-ondas. São utilizados para selecionar ou rejeitar sinais em bandas de frequência específicas. A função de transferência de uma rede de filtros de duas portas é dada pela seguinte equação (2.1) (Jia-Sheng Hong & Lancaster 2001).

$$|S_{21}(j\Omega)|^2 = \frac{1}{1+\varepsilon^2 F_n{}^2(\Omega)} \tag{2.1}$$

em que, ε é um fator de ondulação e $F_n(\Omega)$ representa uma função de filtragem ou caraterística. A função de filtragem depende do polinómio escolhido para a operação de filtragem. Dependendo da função, existem quatro respostas principais, como a resposta de Butterworth, a resposta de Chebyshev, a resposta elíptica e a resposta gaussiana. A variável Ω representa uma variável de frequência aleatória de um filtro protótipo passa-baixo que tem uma frequência de corte $\Omega = \Omega_c = 1$ (rad/s). Os protótipos de filtros passa-baixo são aqueles cujos valores dos elementos são normalizados de modo a que a resistência ou a condutância da fonte seja igual a um, denotado por $g_0 = 1$, em que g é o termo geral para os elementos dos protótipos de filtros passa-baixo. Estes protótipos de filtros são utilizados para a conceção de filtros práticos após transformações da impedância e da frequência.

2.2.1 Transformação de impedância

O escalonamento da impedância elimina a normalização $g_0 = 1$ e ajusta o filtro para funcionar para qualquer valor da impedância da fonte denotada por Z_0 . O fator de escalonamento da impedância é dado a seguir como,

$\gamma = \{Z_0 / g_0$; sendo g_0 a resistência (2.2)

g_0 / Y_0 ; sendo g_0 a condutância$\}$

onde, $Y_0 = \frac{1}{Z_0}$ é a admitância da fonte.

O escalonamento da impedância dos elementos da rede de filtragem, tais como a indutância (L), a capacitância (C), a resistência (R) e a condutância (G), é apresentado nas Equações (2.3) - (2.6).

$$L \rightarrow \gamma L \tag{2.3}$$

$$C \rightarrow C/\gamma \tag{2.4}$$

$$R \rightarrow \gamma R \tag{2.5}$$

$$G \rightarrow G/\gamma \tag{2.6}$$

2.2.2 Transformação de frequências

A transformação de frequência mapeia uma resposta no domínio da frequência do protótipo passa-baixo Ω; até ao domínio da frequência ω no qual se exprime um filtro prático como o passa-baixo, o passa-alto, o passa-banda e o para-banda.

2.2.2.1 Transformação passa-baixo

A transformação de frequência de um protótipo passa-baixo para um filtro passa-baixo prático com uma frequência de corte ω_c no eixo da frequência angular ω é simplesmente dada pela seguinte Equação (2.7).

$$\Omega = \frac{\Omega_c}{\omega_c}\omega \tag{2.7}$$

A transformação de elementos, juntamente com o escalonamento da impedância, produz os seguintes resultados:

$$L = \left(\frac{\Omega_c}{\omega_c}\right)\gamma g \tag{2.8}$$

$$C = \left(\frac{\Omega_c}{\omega_c}\right)\frac{g}{\gamma} \tag{2.9}$$

2.2.2.2 Transformação passa-alto

Para o filtro passa-altas com uma frequência de corte ω_c no eixo ω, a transformação de frequência é dada por,

$$\Omega = \frac{\omega_c \Omega_c}{\omega} \quad (2.10)$$

É óbvio que um elemento de indutância/capacitância no protótipo passa-baixo é inversamente transformado num elemento capacitivo/indutivo no filtro passa-alto. Com o escalonamento da impedância e a transformação dos elementos, os valores dos elementos são dados a seguir:

$$C = \left(\frac{1}{\omega_c \Omega_c}\right)\frac{1}{\gamma g} \quad (2.11)$$

$$L = \frac{1}{\omega_c \Omega_c}\frac{\gamma}{g} \quad (2.12)$$

2.2.2.3 Transformação passa-banda

Assume-se que uma resposta de protótipo passa-baixo deve ser transformada numa resposta passa-banda com uma banda passante ω_2-ω_1, em que ω_1 e ω_2 indicam a frequência angular do bordo da banda passante.

As transformações de frequência necessárias são dadas a seguir:

$$\Omega = \frac{\Omega_c}{FBW}\left(\frac{\omega}{\omega_0} - \frac{\omega_0}{\omega}\right) \quad (2.13)$$

$$FBW = \frac{\omega_2 - \omega_1}{\omega_0} \quad (2.14)$$

$$\omega_0 = \sqrt{\omega_1 \omega_2} \quad (2.15)$$

em que ω_0 representa a frequência angular central, e FBW é definido como a largura de banda fraccionada. A expressão do ressonador LC em série é dada nas Equações (2.16) e (2.17).

$$L_s = \left(\frac{\Omega_c}{FBW\ \omega_0}\right)\gamma g \tag{2.16}$$

$$C_s = \left(\frac{FBW}{\omega_0 \Omega_c}\right)\frac{1}{\gamma g} \tag{2.17}$$

Os elementos para o ressoador LC paralelo no filtro passa-banda são representados de seguida:

$$C_p = \left(\frac{\Omega_c}{FBW\ \omega_0}\right)\frac{g}{\gamma} \tag{2.18}$$

$$L_p = \left(\frac{FBW}{\omega_0 \Omega_c}\right)\frac{\gamma}{g} \tag{2.19}$$

É de notar que $\omega_0 L_s = \frac{1}{\omega_0 C_s}$ e $\omega_0 L_p = \frac{1}{\omega_0 C_p}$

2.2.2.4 Transformação de paragem de banda

A transformação de frequência do protótipo passa-baixo para o para-banda é conseguida através do seguinte mapeamento de frequência:

$$\Omega = \frac{\Omega_c\, FBW}{\frac{\omega_0}{\omega} - \frac{\omega}{\omega_0}} \tag{2.20}$$

$$\omega_0 = \sqrt{\omega_1 \omega_2} \tag{2.21}$$

$$FBW = \frac{\omega_2 - \omega_1}{\omega_0} \tag{2.22}$$

Os elementos do filtro corta-banda são dados por,

$$C_p = \left(\frac{1}{FBW\ \omega_0 \Omega_c}\right)\frac{1}{\gamma g} \tag{2.23}$$

$$L_p = \left(\frac{\Omega_c FBW}{\omega_0}\right)\gamma g \tag{2.24}$$

$$L_s = \left(\frac{1}{FBW\,\Omega_c\omega_0}\right)\frac{g}{\gamma} \tag{2.25}$$

$$C_s = \left(\frac{\Omega_c FBW}{\omega_0}\right)\frac{g}{\gamma} \tag{2.26}$$

2.2.3 Inversor de Imitância

Os inversores de imitância são inversores de impedância ou de admitância. Possuem uma rede de duas portas e têm uma propriedade única em todas as frequências, ou seja, quando é terminada numa impedância Z_2 numa porta, a impedância Z_1 na outra porta é representada na Equação (2.27).

$$Z_1 = \frac{K^2}{Z_2} \tag{2.27}$$

onde, k é real e é definido como a impedância caraterística do inversor.

2. 3COMPONENTES DA MICROSTRIP

Os componentes de microstrip são muito úteis em projectos de filtros de microstrip. Incluem indutores e condensadores fixos, elementos quase fixos e ressoadores. Podem ser modelados utilizando simulações electromagnéticas (EM) de onda completa e fabricados utilizando técnicas de micromaquinagem.

2.3.1 Indutores e condensadores agrupados

Alguns indutores e condensadores de micro-ondas planas são apresentados nas Tabelas 2.1 e 2.2. A secção rectilínea é a forma mais simples de indutor e os seus valores vão até 3 nH. O indutor em espiral pode fornecer valores de indutância mais elevados, tipicamente até 10 nH.

Tabela 2.1 Indutores de elementos concentrados

Ref.	Nome do componente	Conceção	Circuito equivalente
Jia-Sheng Hong & Lancaster 2001	Linha de alta impedância	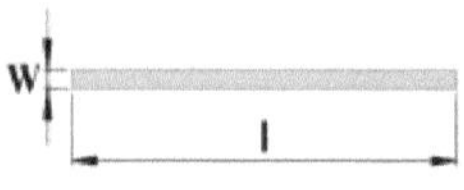	
	Linha Meander		
	Espiral quadrada	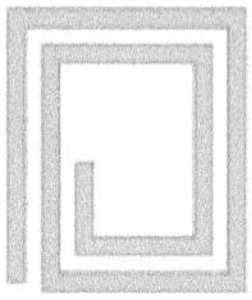	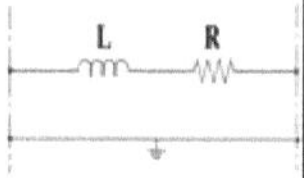

A Tabela 2.2 mostra condensadores concentrados que atingem valores baixos de capacitância (menos de 1,0 pF). O condensador metal-isolador-metal (MIM), construído através da utilização de uma fina camada de dielétrico de baixa perda entre duas placas metálicas, é utilizado para obter valores mais elevados de capacitância.

Tabela 2.2 Condensadores de elemento único

Ref.	Nome do componente	Conceção	Circuito equivalente
Jia-Sheng Hong &	Condensador interdigital	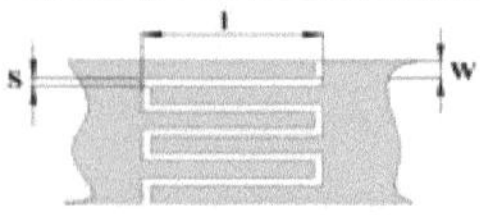	

Lancaster 2001	Condensador MIM		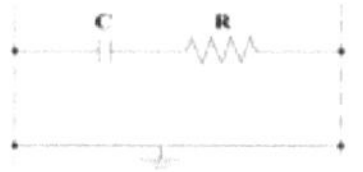

2.3.2 Elementos Quase-Lumped

A linha microstrip ou stub cujo comprimento físico é inferior a um quarto de comprimento de onda pode ser utilizada em circuitos de filtragem como condensadores e indutores. A Tabela 2.3 enumera os stub abertos e em curto-circuito e os seus circuitos equivalentes. Z_c e β representam a impedância caraterística e a constante de propagação, respetivamente.

Tabela 2.3 Elementos quase-lumped

Ref.	Nome do componente	Conceção	Circuito equivalente
Jia-Sheng Hong & Lancaster 2001	Circuito aberto Stub	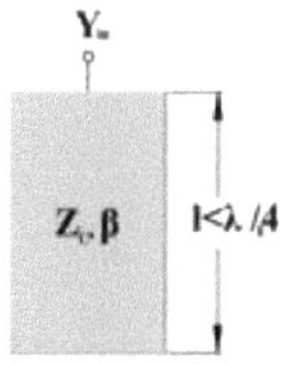 Y_{in}, Z_c, β, $l<\lambda_g/4$	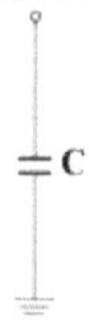 C
	Stub em curto-circuito	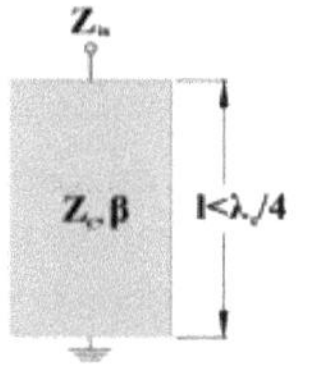 Z_{in}, Z_c, β, $l<\lambda_g/4$	 L

2.3.3 Ressonadores Microstrip

Um ressonador de microfita é aquele que contém pelo menos um campo eletromagnético oscilante. Existem diferentes formas de ressoadores de microstrip. Em geral, são classificados como ressoadores de elemento fixo ou quase fixo e ressoadores de linha distribuída ou de remendo. A figura 2.1 representa diferentes tipos de ressoadores. Na figura 2.1, (a) e (b) representam ressoadores de elemento fixo ou quase fixo e ressoam a $\omega_0 = \frac{1}{\sqrt{LC}}$. Os ressoadores de linha distribuída são representados em (c) e (d) da figura 2.1.

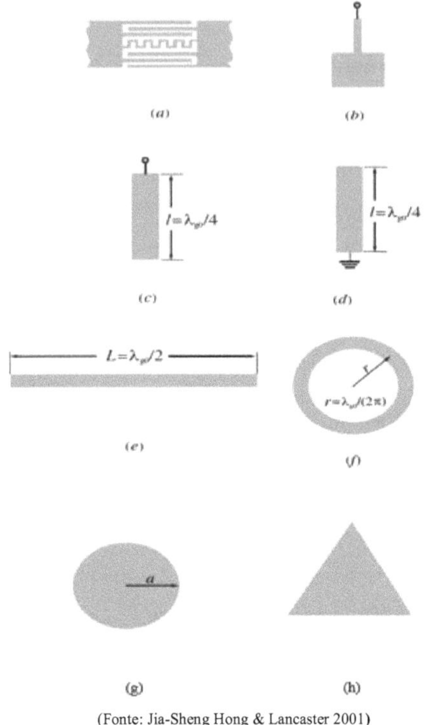

(Fonte: Jia-Sheng Hong & Lancaster 2001)

Figura 2.1 **Ressonadores de microfita (a) Ressonador de elemento fixo (b) Ressonador de elemento quase-lumped (c) λ_{g0}Ressonador de /4 linhas (ressonância em série de derivação) (d) λ_{g0}Ressonador *de /4 linhas* (ressonância paralela de derivação); e) λ_{g0}Ressonador de /2 linhas; f) Ressonador de anel*;* *g*) Ressonador de placa circular*;* *h*) Ressonador de placa triangular**

São ressoadores de um quarto de comprimento de onda, e o comprimento é $\frac{\lambda_{g0}}{4}$ onde λ_{g0}é o comprimento de onda guiado. O ressonador em anel é outro tipo de ressonador mostrado na Figura 2.1(f), onde r é o raio médio do anel. O anel ressoa à sua frequência fundamental f_0 quando a sua circunferência média $2\pi r = \lambda_{g0}$. Na Figura 2.1, (g) e (h) representam ressonadores de remendo, que são muito úteis nos filtros de microfita. A utilização de ressonadores de remendo aumenta a capacidade de manuseamento de potência e reduz as perdas de condutor em comparação com os ressonadores de linha estreita de microfita.

2.4 CONCEPÇÃO, ESQUEMA E ANÁLISE DO FILTRO PROPOSTO

A conceção do filtro de paragem de banda convencional de ordem superior, a miniaturização e a obtenção de um funcionamento em modo tri-banda são as três principais etapas envolvidas na conceção do filtro tri-banda proposto.

2.4.1 Projeto de um filtro de paragem de banda convencional

Numa primeira fase de conceção, foi concebido um filtro de banda estreita convencional de microfita com uma linha de transmissão central principal e ressoadores de circuito aberto em forma de "L". Neste caso, os ressoadores têm meio comprimento de onda e estão acoplados electromagneticamente à linha de transmissão, sendo colocados no substrato dielétrico. A camada inferior abaixo do substrato dielétrico é uma camada de terra metalizada. O filtro de banda de microfita de cinco elementos (n = 5) acoplados em paralelo foi proposto para a frequência de projeto de 2,4 GHz. Os elementos são ressonadores em forma de "L", com meio comprimento de onda. O aumento do número de ressoadores não só melhora a precisão do filtro como também aumenta o seu tamanho. O protótipo do filtro passa-baixo de Chebyshev com uma ondulação de banda passante de 0,1 dB foi escolhido por apresentar uma banda passante de ondulação igual e uma banda de paragem maximamente plana. Os parâmetros para o protótipo passa-baixo escolhido para a frequência de corte normalizada (Ω_c) =1 e ondulação da banda passante de 0,1 dB são $g_0 = g_6 = 1$, $g_1 = g_5 = 1,1468$, $g_2 = g_4 = 1,3712$ e $g_3 = 1,9750$ (Jia-Sheng Hong & Lancaster 2001). As frequências de borda são $f_1 = 2,3$ GHz e $f_2 = 2,5$ GHz. As frequências de banda média $f_0 = 2,3979$ GHz e a largura de banda fraccionada (FBW) = 0,0834. O substrato FR - 4 com constante dieléctrica (ε_r) = 4,3 e espessura h = 1,6 mm foi escolhido como substrato dielétrico. A linha de transmissão 50Ω tem uma largura de 3,1 mm e uma espessura de 0,0035 mm para a frequência central de 2,4 GHz.

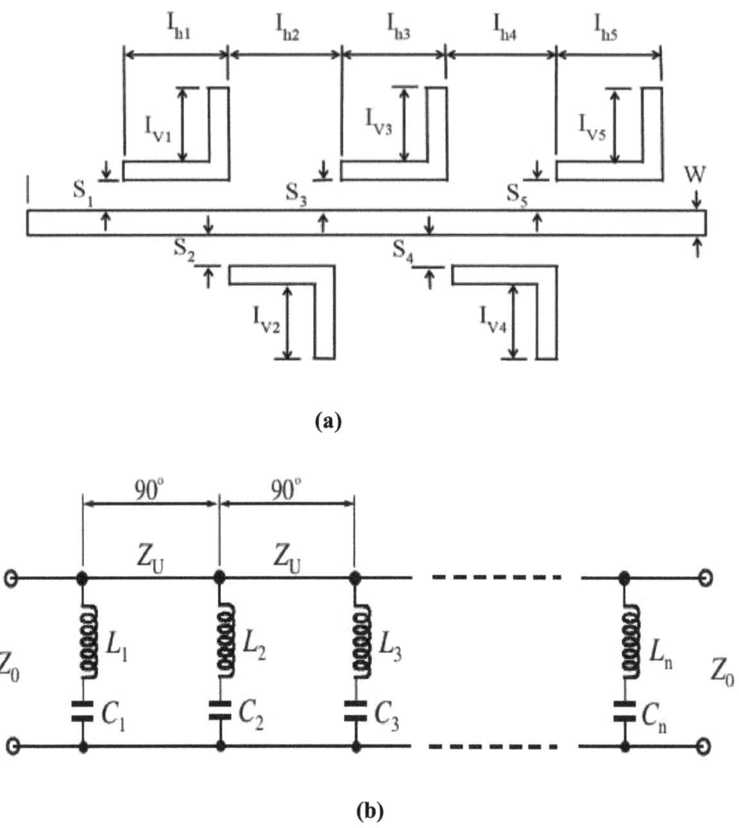

(Fonte: Jia-Sheng Hong & Lancaster 2001)

Figura 2.2 (a) Filtro de paragem de banda de microfita convencional (b) Circuito equivalente do filtro de paragem de banda convencional

O comprimento do ressoador éλ_g /2 em que l_h = 9 mm (comprimento horizontal), l_v = 11,1 mm (comprimento vertical). O espaçamento entre os ressoadores éλ_g /4. A linha de transmissão de um quarto de comprimento de onda entre os ressoadores actua como inversor de imitância. Z_U e Y_U são a impedância e a admitância caraterísticas dos inversores de imitância e Z_0 e Y_0 são a impedância e a admitância terminais.

A camada mais inferior é o plano de terra com uma espessura de metalização de 0,035 mm. A Figura 2.2 representa o filtro de banda de microfita com ressonador L e o circuito equivalente. A indutância L_i, C_i e a reactância normalizada X_i / Z_o para a frequência angular ω_0 foram calculadas utilizando as Equações (2.28) e (2.29) em termos de elementos protótipo passa-baixo.

$$\left(\frac{Z_U}{Z_0}\right)^2 = \frac{1}{g_0 g_{n+1}} \qquad (2.28)$$

$$x_i = w_0 L_i = Z_0 (\frac{Z_U}{Z_0})^2 \frac{g_0}{g_i \Omega_c FBW} \boldsymbol{\Omega} \qquad \text{Para i=1a n (2.29)}$$

O valor calculado da reactância normalizada para cada ressoador é apresentado abaixo e é uma quantidade sem dimensão.

$$\left(\frac{x_1}{z_0}\right) = \left(\frac{x_5}{z_0}\right) = 10.468 \qquad (2.30)$$

$$\left(\frac{x_2}{z_0}\right) = \left(\frac{x_4}{z_0}\right) = 8.7549 \qquad (2.31)$$

$$\left(\frac{x_3}{z_0}\right) = 6.078 \qquad (2.32)$$

O espaçamento entre os diferentes ressoadores "L" e a linha de transmissão principal deve ser cuidadosamente escolhido para obter o valor de reactância acima calculado. Para diferentes espaçamentos, a resposta em frequência de um único ressoador "L" foi calculada utilizando o simulador EM de onda completa.

A equação (2.33) é importante porque relaciona o parâmetro de declive da reactância normalizada com a resposta em frequência de um ressoador de micro-ondas com paragem de banda.

$$\frac{x}{z_0} = \frac{w_0}{2\Delta w_{3dB}} = \frac{f_0}{2\Delta f_{3dB}} \tag{2.33}$$

Os valores de f_o e f_{3dB} foram obtidos utilizando os resultados simulados e o valor da reactância normalizada para diferentes espaçamentos e são calculados utilizando a Equação (2.33). A resposta em frequência simulada típica e o parâmetro de declive da reactância normalizada extraído estão representados na Figura 2.3.

Os espaçamentos de acoplamento desejados que satisfazem os valores acima calculados a partir das Equações (2.30) a (2.32) são $S_1 = S_2 = 0{,}4202$ mm, $S_4 = S_5 = 0{,}291$ mm e $S_3 = 0{,}212$ mm.

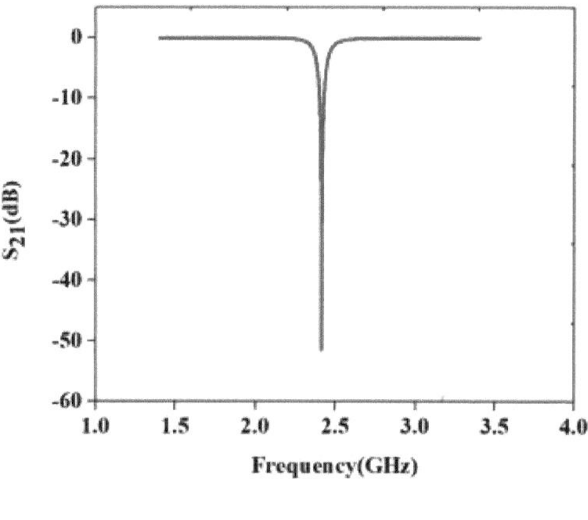

(a)

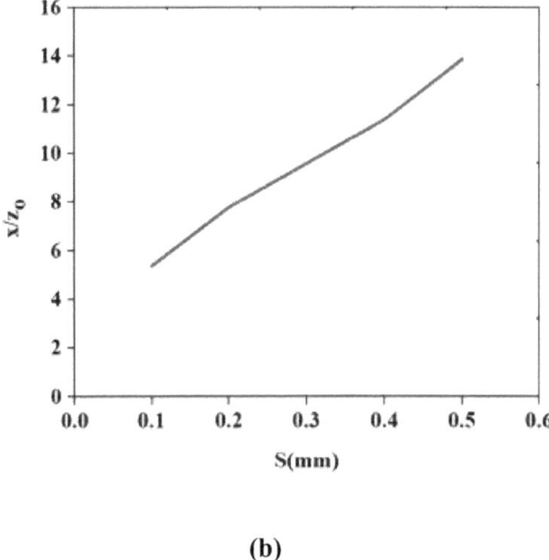

(b)

Figura 2.3 **a) Resposta em frequência simulada de um único ressoador L acoplado electromagneticamente à linha de transmissão principal. (b) Gráfico dos parâmetros derivados do declive da reactância normalizada em função de vários espaçamentos de acoplamento**

Finalmente, os ressoadores L são espaçados como $S_1 = S_2 = 0{,}4202$ mm, $S_4 = S_5 = 0{,}4202$ mm e $S_3 = 0{,}212$ mm, e o filtro global é simulado utilizando o software de simulação CST. As caraterísticas simuladas de reflexão (S_{11}) e transmissão (S_{21}) são apresentadas na Figura 2.4.

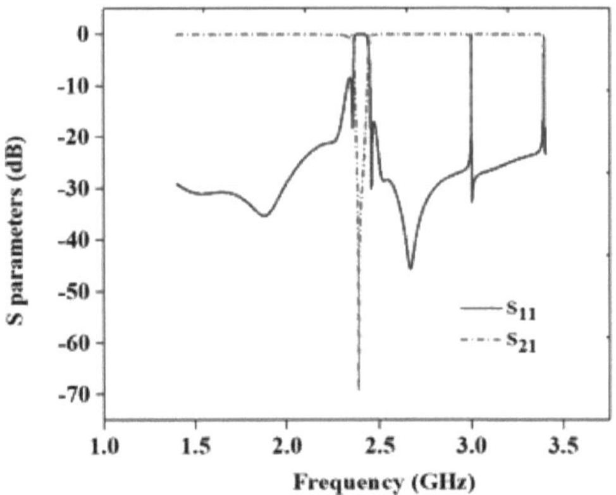

Figura 2.4 Parâmetros S simulados do filtro de paragem de banda convencional

O filtro de paragem de banda convencional proposto, que funciona a 2,4 GHz, ocupa um espaço de 6300 mm^2 . O comprimento total do filtro é de 126 mm. A perda de inserção associada ao filtro é de -0,002 dB e a perda de retorno é de -70 dB.

2.5 MÉTODOS DE MINIATURIZAÇÃO

Esta secção aborda as várias técnicas de miniaturização que reduzem o tamanho global do filtro convencional sem degradar o desempenho do filtro.

2.5.1 Efeito da escolha da constante dieléctrica

Cada estrutura de microfita tem um substrato dielétrico com uma constante dieléctricaε_r e uma espessura "h", sendo a parte inferior do substrato o plano de terra. Na parte superior do substrato, existe uma faixa condutora de largura "w" e espessura "t". O substrato desempenha um papel importante na redução das dimensões dos componentes microstrip. O comprimento de onda guia e a constante dieléctrica efectiva estão relacionados pela seguinte equação.

$$\lambda_g = \frac{300}{f_{GHz}\sqrt{\varepsilon_{re}}}\ mm \qquad (2.34)$$

onde,

λ_g = comprimento de onda guia

f_{GHz} = frequência de funcionamento

ε_{re} = constante dieléctrica efectiva

O comprimento de onda guia e a constante dieléctrica efectiva estão indiretamente relacionados, pelo que o aumento da constante dieléctrica reduz o tamanho do filtro. A constante dieléctrica efectiva é dada pelas equações (2.35) e (2.36).

Para $w/h \leq 1$;

$$\varepsilon_{re} = \frac{\varepsilon_r+1}{2} + \frac{\varepsilon_r-1}{2}\{(1+12\frac{h}{w})^{-0.5} + (0.041 - \frac{w}{h})^2\} \qquad (2.35)$$

Para $w/h \geq 1$;

$$\varepsilon_{re} = \frac{\varepsilon_r+1}{2} + \frac{\varepsilon_r-1}{2}\{(1+12\frac{h}{w})^{-0.5}\} \qquad (2.36)$$

w = largura do substrato dielétrico

h = altura do substrato dielétrico

ε_r = constante dieléctrica relativa

Tabela 2.4 Comparação do desempenho do filtro proposto com diferentes substratos de constante dieléctrica a 2,4 GHz

Substrato dielétrico	Constante dieléctrica	Área do filtro (mm)^2	FBW 3dB (%)	RL (dB)	IL (dB)

Ferrite	4.7	3985	3	-70	-0.002
Roger TMM 6	1.27	2446	3.8	-52	-0.7

A Tabela 2.4 apresenta o material do substrato com uma constante dieléctrica elevada, o que reduz o tamanho do filtro. Devido à disponibilidade e ao custo reduzido, o filtro proposto foi fabricado utilizando o substrato FR-4 com uma constante dieléctrica de 4,3 e uma espessura de 1,6 mm.

2.5.2 Efeito da colocação de orifícios de passagem

Numa placa de circuito impresso, as vias são orifícios que ligam as diferentes camadas da placa para efeitos de condutividade. O orifício é tornado condutor por galvanoplastia. Cada via necessita de uma almofada de via, que é um círculo de cobre chamado anel anular, que é fixado na extremidade de traços estreitos para aumentar o material disponível para uma ligação. Uma área sem cobre em torno da via-pad é conhecida como anti-pad, que isola a pad do cobre circundante. Os orifícios de passagem são utilizados para reduzir a perda de reflexão e a incompatibilidade de impedância.

A norma MIL-STD-275E (Howard Johnson & Martin Graham 2009) define os vários parâmetros dos orifícios de passagem. O diâmetro do orifício de passagem baseia-se na espessura do substrato, e cada passagem requer espaço adicional para uma almofada e para uma folga à volta da almofada. A dimensão mínima do furo acabado (FD) é T/3, em que T é a espessura do substrato. A camada exterior do furo é metalizada com uma espessura de revestimento padrão de 0,035 mm. A Tabela 2.5 e os solucionadores de campo eletromagnético ajudam a modelar os orifícios de passagem e a metalização.

Tabela 2.5 MIL-STD -275 E DIÂMETRO DO FURO

Parâmetro	**Valor preferencial**

	(em)
Acabamento Diâmetro do furo	T/3

T * é a espessura da placa

Tabela 2.6 MIL-STD -275 E TOLERÂNCIAS DO FURO

Parâmetro	**Valor preferencial (em)**
Tolerância de chapeamento (PA)	0.0028
Tolerâncias do diâmetro do furo chapeado (HD) Furo 0,015-0,030 pol. Furo 0.031-0.061in	 0.008 0.010
Subsídio de alinhamento do furo (HA) Tabuleiro< 12 pol. Placa >12 in	 0.009 0.012
Anel anular necessário (AR) Camada interior Camada exterior	 0.008 0.010

O diâmetro do furo é dado por

BURACO = FD+PA+HD (2.37)

O diâmetro da via é dado por

PAD = FD +PA+ 2(HD+HA+AR) (2.38)

Os parâmetros acima referidos estão na unidade "in". Os diâmetros calculados para o orifício e para a via utilizando as equações (2.37) e (2.38) são 0,77 e 1,2 mm, respetivamente. A figura 2.5 representa os orifícios de passagem e os orifícios de passagem colocados no substrato.

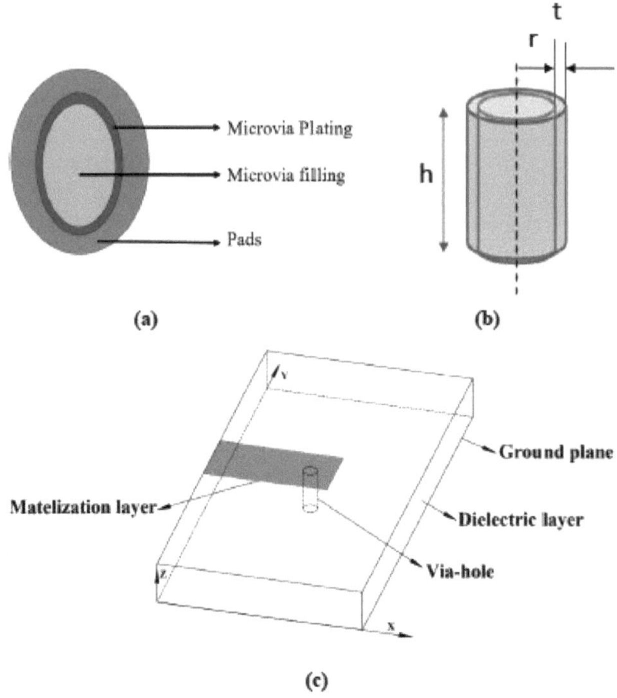

Figura 2.5 Orifício de passagem a) Vista superior b) Perfil c) Representação dos orifícios de passagem no substrato

Na linha microstrip, a via-hole pode ser modelada por uma série de indutância e resistência em paralelo com a capacitância da almofada para obter curtos-circuitos de banda larga (Marc Goldfarb & Robert Pual 1991).

$$L_{via} = \frac{\mu_0}{2\pi}\left[h \ln\left(\frac{h+(\sqrt{h^2+r^2}}{r}\right) + \frac{3}{2}\left(r - \sqrt{(r^2+h^2)}\right)\right] \quad (2.39)$$

$$C_{via} = \frac{1.41\varepsilon_r\, t\, d_1}{d_2 - d_1} \quad (2.40)$$

Aqui, L_{via} é a indutância, e C_{via} é a capacitância obtida, h é a espessura do dielétrico, r é o raio do orifício de passagem,ε_r é a constante dieléctrica relativa do substrato e μ_0 ($4\square\times10^{-7}$ H/m) é a permeabilidade do vácuo, t é a espessura do metal, d_1 é o diâmetro do orifício de passagem e d_2 é o diâmetro do anti-pad.

Hasan & Nadeem (2008) propuseram um novo filtro passa-banda de banda estreita de microstrip hairpin line utilizando uma via de orifícios de terra. Na conceção do filtro proposto, os orifícios de passagem são utilizados para minimizar o tamanho total do filtro. O diâmetro do orifício de passagem e o diâmetro da almofada de passagem calculados são 0,77 mm e 1,2 mm, respetivamente.

Neste caso, os orifícios de passagem colocados na extremidade de cada ressoador "L" provocam um curto-circuito, reduzindo assim o seu comprimento total de$\lambda_g/2$ para$\lambda_g/4$. A dimensão total do filtro é reduzida em 30 % e o seu comprimento passa a ser de 63 mm. Também produz um fraco acoplamento entre os ressoadores. A representação dos orifícios de passagem utilizando o software de simulação CST é apresentada na Figura 2.6. Os parâmetros S simulados após a colocação dos orifícios de passagem são apresentados na Figura 2.7.

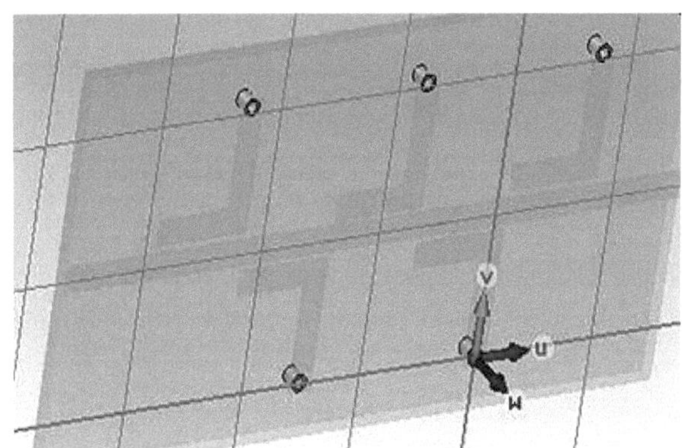

Figura 2.6 Representação dos orifícios de passagem pelo software de simulação CST

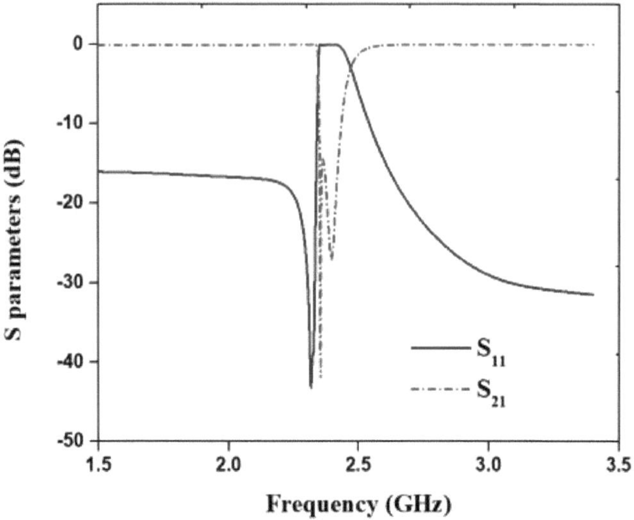

Figura 2.7 Parâmetros S simulados após a colocação dos orifícios de passagem

A Figura 2.7 mostra que a colocação dos orifícios de passagem em cada ressoador L não afecta a frequência central a 2,4 GHz. A perda de inserção é alterada de -70 dB para -40 dB em comparação com o filtro passa-banda convencional, mas isso não afecta o desempenho do filtro.

2.5.3 Efeito da utilização de linhas de torção

A espiral é uma estrutura simples de microstrip com defeito e é a estrutura mais pequena em comparação com outras concepções de filtros. É obtida através da gravação de uma ranhura em forma de "L" numa linha de microfita. Pode proporcionar uma largura de banda de rejeição moderada (10 % em torno da frequência central) e uma rejeição mais profunda do filtro proposto sem aumentar o tamanho do filtro. O comprimento da linha é λ_g / 4 longo (quarto de comprimento de onda) da sua frequência central.

Os filtros de paragem de banda com caraterísticas compactas podem alcançar um melhor desempenho de rejeição sem qualquer penalização pelo aumento de tamanho. O filtro Spurline tem várias vantagens em relação a outros tipos de filtros. Irradia significativamente menos e é praticamente não dispersivo. O filtro Spurline consiste num par de linhas microstrip acopladas, com um quarto de comprimento de onda (referido à frequência central da banda de paragem f_0), com um circuito aberto numa extremidade e linhas acopladas na outra. A figura 2.8 mostra a sua estrutura e o seu circuito equivalente.

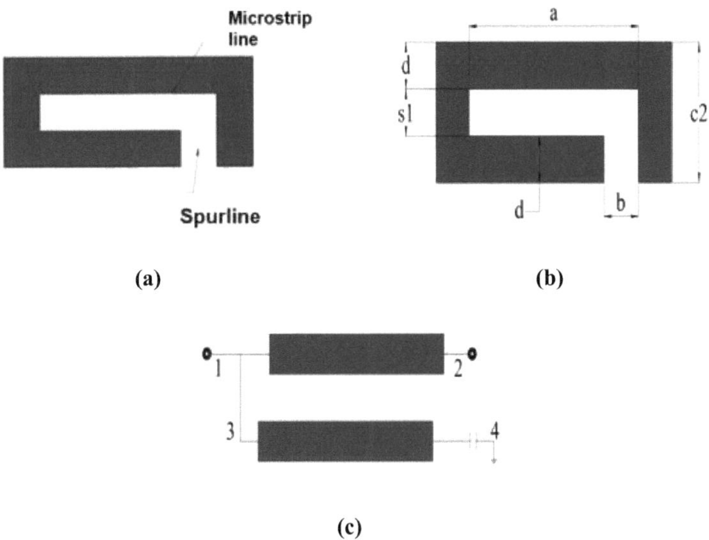

(c)

Figura 2.8 a) Estrutura da linha de espiras b) Parâmetros das linhas de espiras c) Representação da linha de transmissão equivalente

Na Figura 2.8 (b), os parâmetros a,b,c,d, e s representam o comprimento do espigão, a largura da abertura do espigão, a largura da linha de transmissão, a largura da linha de transmissão acoplada e a largura da ranhura, respetivamente. Na figura 2.8 (c), 1, 2, 3 e 4 representam os números das portas. As caraterísticas de desempenho podem ser calculadas utilizando a matriz de impedância de uma linha de transmissão acoplada. A matriz de impedância modificada que tem em conta a capacitância final foi derivada por Bates (1977). Verificou-se que a energia armazenada pela estrutura ressonante é determinada principalmente pelo modo ímpar de propagação.

O comprimento do espigão é dado pela seguinte fórmula:

$$a = \frac{C}{f_0\sqrt{\varepsilon_{re}^{0}}} - \Delta L \tag{2.41}$$

Na equação acima, C representa a velocidade da luz, e f_0 representa a frequência central e ΔL é a extensão efectiva do comprimento devido ao intervalo b e ε_{re}^{0} representa a permissividade relativa equivalente em modo ímpar.

onde,

$\varepsilon_{re}^{0} = \varepsilon_{re} + [0.5(\varepsilon_r+1) - \varepsilon_{re} + a_0] \exp(-c_0 g^{d_0})$

$a_0 = 0.728[\varepsilon_{re} - 0.5(\varepsilon_r + 1)][1 - \exp(0.179\, u)]$

$b_0 = 0.747\varepsilon_r / 0.15\varepsilon_r$

$c_0 = b_0 - (b_0 - 0.207) \exp(-0.414\, u)$

$d_0 = 0.593 + 0.694 \exp(0.5264)$

u= w/h; g = s/h.

$\Delta L = c_0 v_{p0} z_0$

Aqui, ε_{re}^{0} é a constante dieléctrica equivalente da microstrip simples, c_0 é o modo ímpar equivalente à capacitância total, e z_0 e v_{p0} são a impedância de modo ímpar e a velocidade de fase, respetivamente.

O intervalo na linha de espiras actua como capacitância e o comprimento como indutância. A linha de espiras, que actua como filtro de paragem de banda, é representada como um circuito LCR (Indutor, Condensador e Resistência) paralelo. O valor da indutância, da capacitância e da resistência pode ser calculado da seguinte forma (Wang Wenping *et al.* 2011):

$$R = 2Z_0(1/S_{21}\text{-}1) \quad (2.42)$$

$$C = \sqrt{\frac{0.5(R+Z_0)^2)-4Z_0)^2}{2.85\pi Z_0 R \Delta f}} \quad (2.43)$$

$$L = \frac{1}{4\pi {f_0}^2 C} \quad (2.44)$$

Aqui, Z_0 é a impedância caraterística de 50 Ω

f_0 - frequência de ressonância

S_{21} - coeficiente de transmissão a f_0

Δf - largura de banda de 3 dB de S_{21}

Neste filtro proposto, são formadas linhas de microfita em espiral para reduzir ainda mais o tamanho do filtro e obter um funcionamento tri-banda. Uma vez que as linhas de microfita têm uma estrutura muito compacta, são utilizadas para substituir os ressoadores no filtro, a fim de minimizar o tamanho do filtro. Neste caso, dois ressoadores em forma de "L" são substituídos por espiras de diferentes comprimentos para produzir diferentes frequências de ressonância. As espiras adicionadas com 22,9 mm de comprimento e 0,3 mm de intervalo e 15,6 mm de comprimento e 0,3 mm de intervalo produzem ressonância a 1,8 GHz e 3 GHz, respetivamente. A largura de banda de -6 dB (f -f_{21}) é de 0,08 GHz antes da colocação das linhas de espiras e a largura de banda de -6 dB é de 0,22 GHz após a colocação das linhas de espiras na frequência central de 2,4 GHz. Como resultado, aumenta a largura de banda de -6 dB na frequência central em 14%. As linhas de espiras estão localizadas dentro da linha de microfita, onde a perda de inserção é mínima. O comprimento da linha de transmissão l1 = 17,2 mm e l2 = 5 mm são escolhidos para a localização dos stubs. A Figura 2.9 representa as linhas de espiras e a sua presença no filtro proposto.

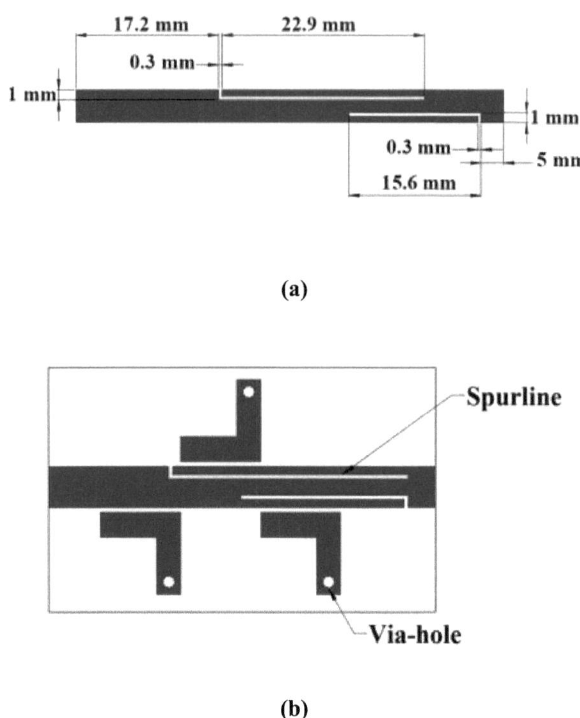

Figura 2.9 a) Linhas de torção b) Linhas de torção no filtro proposto

A Figura 2.10 representa o parâmetro S após a colocação das linhas de espiras. Indica que a colocação das linhas de espiras de vários comprimentos fornece mais duas frequências de ressonância e aumenta a largura de banda da frequência central.

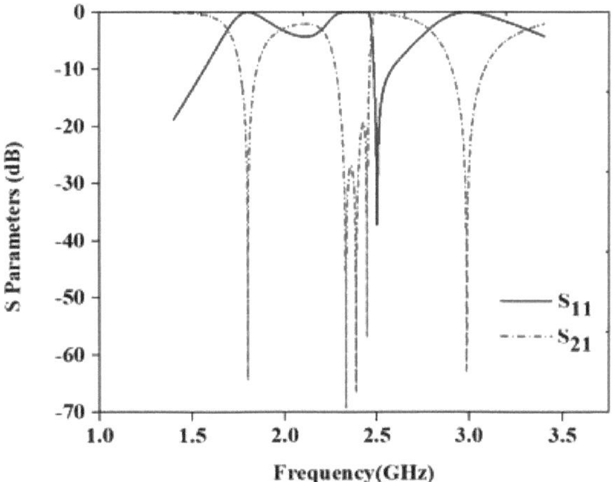

Figura 2.10 Parâmetros S após a colocação das linhas de torção

2.6 O FILTRO DE PARAGEM DE BANDA TRI-BANDA MINIATURIZADO PROPOSTO

Inicialmente, foi concebido e fabricado um filtro de paragem de banda convencional da ordem (n = 5) utilizando ressoadores em forma de L para a frequência central de 2,4 GHz num substrato FR-4 com uma espessura de 1,6 mm e uma constante dieléctrica de 4,3. O comprimento total do filtro é de 126 mm, e a atenuação máxima é de -70 dB. Em seguida, as técnicas de miniaturização denominadas via-holes e spurlines foram utilizadas para reduzir o tamanho do filtro. Foram utilizados orifícios de passagem com um diâmetro de 0,77 mm e uma espessura de metalização de 0,035 mm e um diâmetro de 1,2 mm (incluindo as tolerâncias dos orifícios e a margem de revestimento). A colocação dos orifícios de passagem em cada ressoador reduz o comprimento total do filtro de 126 mm para 63 mm. Para reduzir ainda mais o tamanho do filtro, dois ressoadores em forma de L foram substituídos por duas espiras. As linhas de ressonância de 22,9 mm e 15,9 mm de comprimento e 0,3 mm de espessura foram colocadas na linha de microfita central. As linhas de espiras de diferentes comprimentos ressoam a 1,8 GHz e 3 GHz e também melhoram as frequências centrais. Finalmente, obteve-se o filtro tri-banda miniaturizado de paragem de banda que funciona a 1,8 GHz, 2,4 GHz e 3,5 GHz com um comprimento total de 45 mm e uma atenuação máxima de 40 dB. A Figura 2.11 representa a estrutura do filtro proposto e os seus parâmetros S simulados.

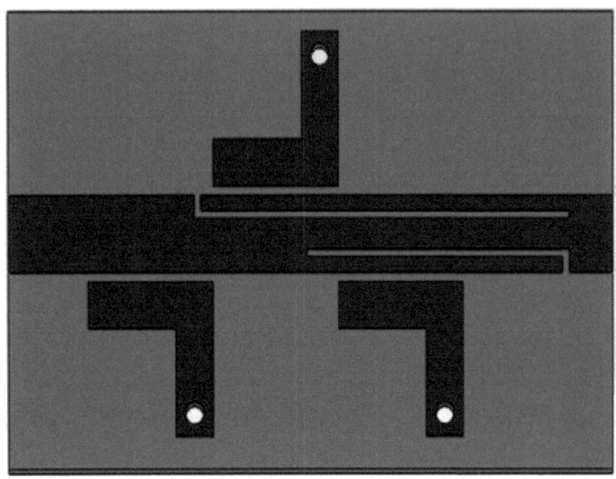

(a)

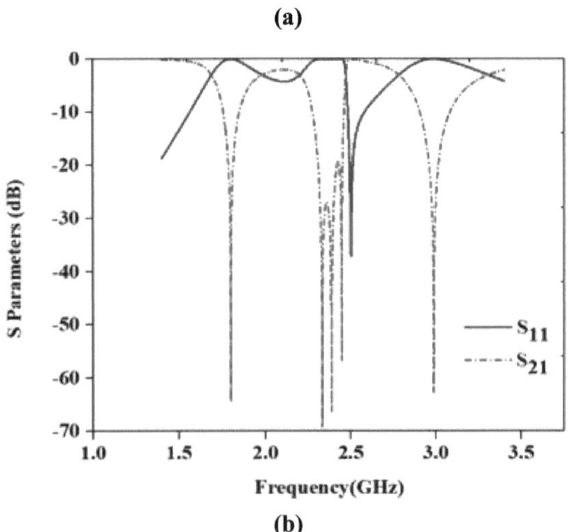

(b)

Figura 2.11 a) Filtro de paragem de banda tri-banda proposto b) Parâmetro S simulado

O filtro de paragem de banda convencional ressoa na frequência central de 2,4 GHz. A inclusão de linhas de espiras substitui dois ressoadores em "L" e fornece duas frequências de ressonância adicionais a 1,8 GHz e 3 GHz. A figura 2.11 (b) representa os parâmetros S simulados. O filtro proposto proporciona uma atenuação máxima de 64 dB, 63 dB e 62 dB a 1,8 GHz, 2,4 GHz e 3 GHz, respetivamente. A perda de inserção medida para todas as frequências é de 0,1 dB. A largura de banda fraccionada de 3 dB é de 20 %, 12 % e 22 %, respetivamente, a 1,8 GHz, 2,4 GHz e 3 GHz.

A figura 2.12 representa a distribuição da corrente de superfície a várias frequências, quando a porta 1 é excitada. Analisa o efeito da ressonância em várias frequências. A Tabela 2.7 representa o tamanho do filtro em vários estágios de miniaturização.

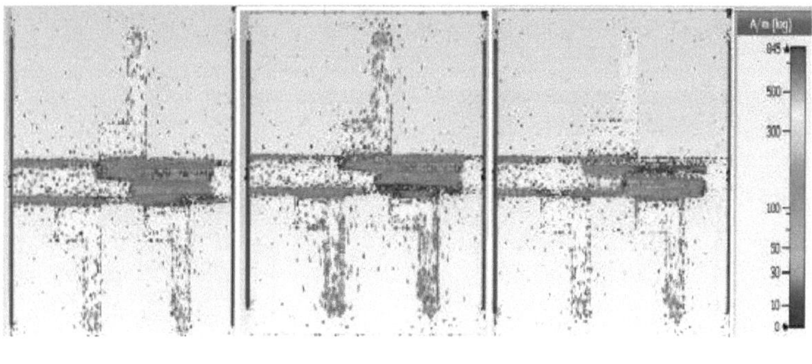

(a) (b) (c)

Figura 2.12 Distribuição da corrente de superfície a a) 1,8 GHz b) 2,4 GHz c) 3 GHz

Tabela 2.7 Medidas de desempenho do filtro proposto em diferentes níveis de minimização

Tipo de filtro	N.º de resona-tores	Compri mento total (mm)	Área total (mm)²	3dB FBW (%)	10dB FBW (%)	20dB FBW (%)	RL (dB)	IL (dB)
Filtro convencional	5	126	6300	3.4	2.7	1.9	-70	-0.002
Filtro com ligação à terra através de orifício	3	63	2142	8	5	4	-40	-0.004
Filtro com ligação à terra através de orifício e linha de derivação	3	45	1530	10	7	6	-64	-0.1

2.7 APLICAÇÃO E MEDIÇÃO

O filtro proposto foi fabricado num substrato FR-4 com constante dieléctrica (ε_r) = 4,3, espessura (h) =1,6 mm e tangente de perda = 0,025. Os filtros fabricados foram depois medidos utilizando um analisador de micro-ondas N9917A Keysight Field Fox 44 GHz que mede frequências máximas até 44 GHz e expande as capacidades com VNA opcional, analisador de espetro, medidor de potência incorporado, voltímetro vetorial e muito mais. A Figura 2.10 (b) mostra as respostas simuladas e medidas do filtro tri-banda, e as curvas indicam que ambas estão em boa concordância. A primeira, segunda e terceira frequências de referência medidas são f_f = 1,8 GHz, f_s = 2,4 GHz, f_t = 3 GHz com uma largura de banda fraccionada de 20 %, 12 % e 22 %, respetivamente. A figura 2.13 representa o filtro fabricado e a sua configuração de medição.

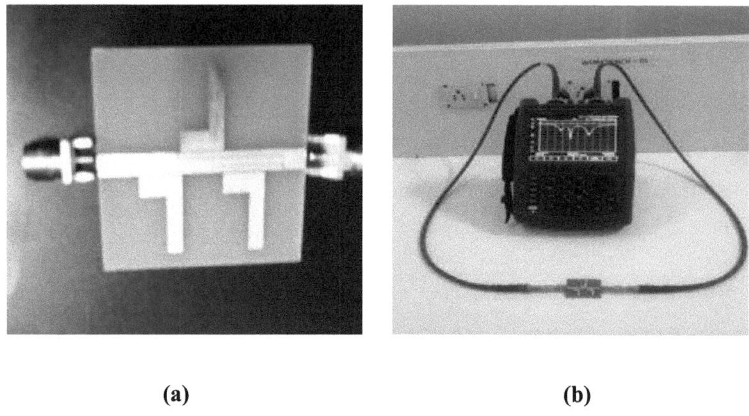

(a) **(b)**

Figura 2.13 a) Filtro fabricado b) Configuração da medição

A Figura 2.14 compara os resultados simulados e medidos do filtro proposto. A comparação entre os resultados medidos e os resultados da simulação revelou uma ligeira variação. Esta variação pode ser atribuída à implementação do orifício de passagem e às perdas no substrato dielétrico.

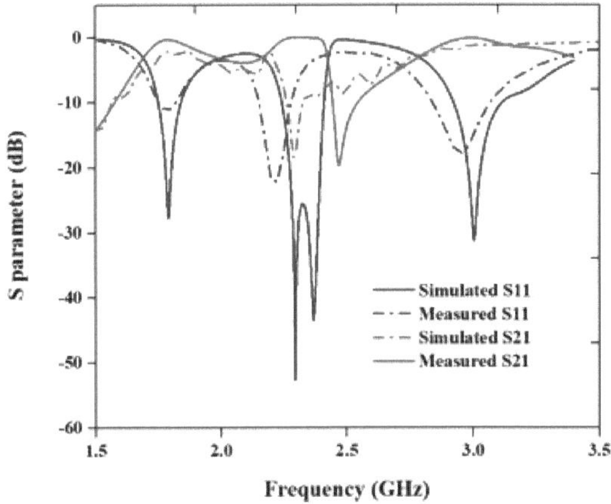

Figura 2.14 Comparação dos resultados medidos e simulados

Tabela 2.8 Comparação do desempenho do filtro proposto com as referências

Ref.	Ressonante Frequências (GHz)	Técnica	Redução de tamanho	Largura de banda (%)	Perda de retorno (dB)
Boutejdar *et al.* (2010)	2.4	-	-	3.4	melhor que 40 dB
Hasan *et al.* (2016)	1.95	espiga aberta e espigão	não especificado	não especificado	melhor do que 20 dB
Ning *et al.* (2012)	2.45/ 3.54 / 5.01	ressonador espiral e linha de microfita com ranhuras.	não especificado	6.33/3.39/3.79	30/30.9/ 40.9
Ashwani Kumar *et al.* (2016)	2.2/ 5.53 / 4.15	Ranhura tipo C e condensadores incorporados	não especificado	19.10/3.85/ 1.62	33.5/27.6/ 24.9
Jangirkhan Dzhumamuhambov *et al.* (2019)	2.34 /7.81	ressonadores de gancho de cabelo de impedância escalonada	-	33.2 /7.9	45 /18
Gyan Raj Koirala *et al.* (2016)	1.98/5.6 / 7.78	I estrutura de microfita com defeito carregada com stub	Não especificado	41.92/14.28 14.01	28.71/25.17 /25.02
Trabalho atual	**1.8/ 2.4 / 3**	**linhas de recuo e orifícios de passagem**	**65% (Relativamente ao filtro de paragem de banda convencional)**	**20/12/22**	**11/21/17**

O filtro proposto tem um controlo individual sobre as bandas de frequência da banda de paragem, e também aumenta a largura de banda de -6 dB em 14% na frequência central de 2,4 GHz. Possui alta viabilidade devido à atenuação máxima em cada freqüência. A Tabela 2.8 mostra uma comparação do desempenho do filtro com os da literatura.

2.8 CONCLUSÃO

Este capítulo aborda a redução das dimensões e o funcionamento multibanda de um filtro de paragem de banda convencional de cinco ressoadores em forma de "L", utilizando linhas de espiras e ligação à terra através de orifícios. Os orifícios de passagem em cada ressoador tornam-no curto-circuito e reduzem o comprimento total do filtro de 126 mm para 63 mm. As linhas de espiras substituem dois ressonadores em "L" e a variação do seu comprimento permite obter mais duas frequências de ressonância a 1,8 GHz e 3 GHz. Além disso, as linhas de espiras aumentam a largura de banda da frequência central a 2,4 GHz em 14% e reduzem ainda mais o tamanho do comprimento do filtro de 63 mm para 45 mm. Este filtro tem uma boa seletividade e boas respostas de perda de retorno de 11 dB, 21 dB e 17 dB e perdas de inserção máximas de 2 dB, 2 dB e 1,1 dB a 1,8 GHz, 2,4 GHz e 3 GHz, respetivamente. A redução máxima de 65% é alcançada quando comparada com o filtro de paragem de banda convencional, sendo possível uma redução adicional aumentando o número de orifícios de passagem. Além disso, as frequências de ressonância são controladas individualmente através da variação do comprimento elétrico dos ressoadores. O filtro proposto pode ser utilizado em hotspots para suprimir frequências indesejadas.

CAPÍTULO 3

FILTRO PASSA-BANDA DE MICROFITA TRI-BANDA MINIATURIZADO

3.1 INTRODUÇÃO

Este capítulo apresenta o projeto e a análise de um filtro passa-banda de microfita tri-banda miniaturizado. O filtro passa-banda de microfita é um componente muito importante utilizado tanto em transmissores como em receptores para passar as frequências de sinal e suprimir os harmónicos de respostas espúrias. Os componentes de microfita fabricados com tecnologia de microfita são compactos e fáceis de fabricar. Os filtros passa-banda de microstrip multibanda são amplamente utilizados nos modernos sistemas de comunicação sem fios multipadrão e para reduzir as despesas gerais de acesso aos módulos sem fios. Neste caso, foi concebido um filtro passa-banda de microfita tri-banda miniaturizado para as frequências de 2,4 GHz, 3,5 GHz e 5,2 GHz, utilizando ressonadores de impedância escalonada, e obtém-se uma boa redução em termos de dimensão, baixa perda de inserção, seletividade da banda passante e largura de banda larga.

3.2 VISÃO GERAL DO FILTRO PASSA-BANDA DE MICROFITA

Antigamente, os filtros de guia de ondas e 3-D eram utilizados no funcionamento 2G. Uma vez que este tipo de filtros ocupa muito espaço, não é utilizado nas comunicações por micro-ondas modernas. Assim, são avaliados vários filtros de micro-ondas planares. Incluem-se filtros de acoplamento final, de acoplamento paralelo, interdigitais e de linha de pente.

Os filtros passa-banda de microstrip acoplados em paralelo e de meio comprimento de onda foram propostos por Cohn (1958). Consiste em ressoadores de microfita de meio comprimento de onda longos acoplados em paralelo. O grande acoplamento entre os ressoadores faz passar as frequências. Matthaei G *et al.* (1994) propuseram um filtro de matriz de ressoadores de microfita alinhados e acoplados em paralelo para obter uma conceção compacta do filtro. Para reduzir o tamanho de um filtro de ressonadores de meio comprimento de onda, Hong.T.S e Lancaster M.J (1995) propuseram um filtro passa-banda de microfita em escada, que é apresentado na figura 3.1. O inconveniente do filtro passa-banda com acoplamento paralelo é o facto de a primeira banda passante espúria aparecer no dobro da frequência da banda passante de base, o que se deve à simetria do filtro.

Figura 3.1 Filtros de acoplamento paralelo microstrip convencionais

Outro tipo de filtro passa-banda são os filtros de ressonador dobrado. Estes incluem os filtros hairpin e combline. Estes filtros reduzem o seu tamanho dobrando os ressoadores de meio comprimento de onda e são conceptualizados a partir de um filtro passa-banda interdigital convencional cujo elemento ressoador tem um quarto de comprimento de onda, como se mostra na Figura 3.2. Matthaei *et al.* (1995) conceberam um filtro hairpin-comb para HTS e outras aplicações de banda estreita.

Figura 3.2 Filtro passa-banda pseudo-interdigital microstrip de seis pólos

O ressoador em anel microstrip está a ser amplamente utilizado em muitos filtros passa-banda devido ao seu tamanho compacto. No entanto, o inconveniente deste ressoador em anel é a elevada perda de inserção devido ao acoplamento entre linhas. Saveedra (2001) propôs um filtro passa-banda com um ressoador em anel que utiliza linhas de um quarto de onda acopladas à extremidade para o mecanismo de acoplamento. Aqui, o anel é carregado com linhas acopladas em todos os lados e a estrutura torna-se essencialmente simétrica, como representado na Figura 3.3. Chen C.Y e Hsu C.Y (2006) propuseram filtros de microfita de banda dupla utilizando ressoadores em anel de circuito aberto dobrados. A frequência desejada pode ser facilmente controlada pelas dimensões físicas dos ressoadores em anel de circuito aberto.

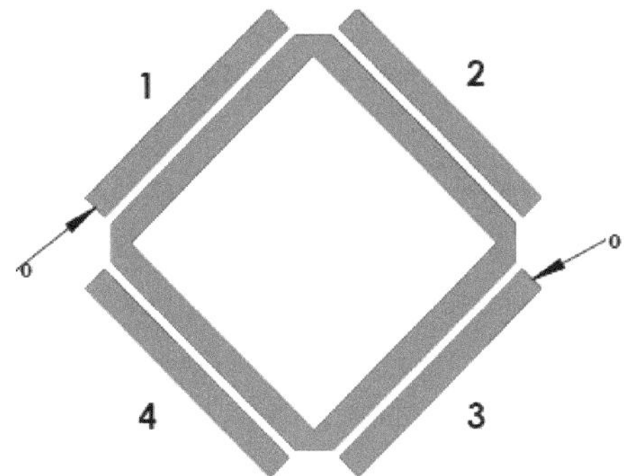

Figura 3.3 Ressonador de anel quadrado simétrico

As estruturas de terra com defeito constituídas por ressoadores de anel dividido complementares (CSRRs) têm sido amplamente utilizadas em projectos de filtros passa-banda. Dois caminhos de transmissão de sinais de RF foram gerados por um ressoador de laço de meandro e um CSRR no plano de terra (Wu *et al.* 2008) para produzir um filtro passa-banda de banda dupla.

Neste trabalho, foi discutido um filtro passa-banda de microfita usando ressonadores de impedância escalonada. Este filtro apresenta boas caraterísticas de banda de paragem e de supressão de harmónicas. Uma das principais caraterísticas do SIR é o facto de as suas frequências de ressonância poderem ser sintonizadas através do ajuste dos seus parâmetros estruturais, tais como o ajuste da relação de impedância de segmentos altos para segmentos baixos. Os primeiros harmónicos espúrios são muito superiores a 2 vezes f_0 . As ferramentas de análise electromagnética de onda completa foram utilizadas para simular as propriedades electromagnéticas. A combinação de diferentes estruturas SIR foi utilizada para conseguir a miniaturização e o funcionamento multibanda.

3.3 VISÃO GERAL DO RESSOADOR DE IMPEDÂNCIA ESCALONADA (SIR)

3.3.1 Ressonador de impedância uniforme (UIR)

Os ressoadores de linha de transmissão uniforme são muito úteis na comunicação sem fios para as gamas de frequência de 100 MHz a 100 GHz. Neste ressoador são utilizados modos electromagnéticos transversais ou modos quasi-TEM. Não possui valores Q elevados em comparação com o guia de ondas ou o ressoador dielétrico. No entanto, tem dimensões reduzidas e pode ser facilmente integrado em circuitos activos como os MMIC, uma vez que são fabricados por fotolitografia de filmes metalizados sobre um substrato dielétrico. A Figura 3.4 mostra o ressonador de meio comprimento de onda com duas extremidades em circuito aberto. Tem uma largura uniforme e uma impedância caraterística ao longo de todo o seu comprimento, que é de meio comprimento de onda, de acordo com a frequência de ressonância. O UIR requer materiais de substrato dielétrico com baixa tangente de perda, alta permissividade e temperatura estável. O inconveniente da UIR é a ocorrência de respostas espúrias em múltiplos da frequência de ressonância fundamental.

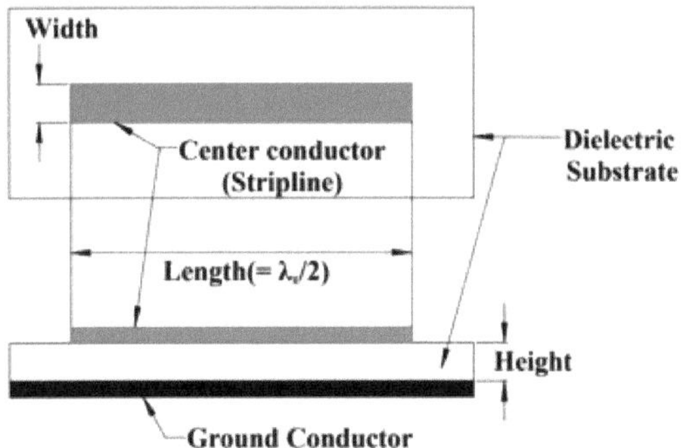

Figura 3.4 Ressonador de impedância uniforme

Os parâmetros como o comprimento elétrico, a constante de propagação, a velocidade de fase e o comprimento de onda guia do UIR estão representados nas Equações (3.1) a (3.4), respetivamente.

$$\theta = \beta l \tag{3.1}$$

$$\beta = \frac{2\pi}{\lambda_g} \tag{3.2}$$

$$v_p = \frac{\omega}{\beta} \tag{3.3}$$

$$\lambda_g = \frac{\lambda_0}{\sqrt{\varepsilon_{re}}} = \frac{C}{f_0\sqrt{\varepsilon_{re}}} \tag{3.4}$$

Aqui, f_0 é a frequência do espaço livre, λ_0 é o comprimento de onda do espaço livre, ε_{re} é a constante dieléctrica efectiva e C é a velocidade da luz no espaço livre, que é 3 x 10^8 m/s.

3.3.2 Ressonadores de impedância escalonada (SIR)

O SIR é um ressonador de modo TEM ou quase TEM composto por mais de duas linhas de transmissão com impedâncias caraterísticas diferentes. O comprimento e a relação de impedância são os principais parâmetros de projeto. Oferece um Q elevado, compacidade e supressão de harmónicas. Devido à sua compacidade, é utilizado em filtros, osciladores e misturadores. A Figura 3.5 compara o UIR e o SIR. Na Figura 3.5, Z_1 e Z_2 representam o valor da impedância dos diferentes stubs, e θ_1 e θ_2 são os comprimentos eléctricos. Se todas as três secções tiverem a mesma impedância, como se mostra na Figura 3.5, o ressoador ressoará à mesma frequência. Se as impedâncias $Z_2 < Z_1$ e os comprimentos eléctricos $\Theta_2' < \Theta_2$, então o UIR tornar-se-á SIR, e o comprimento do ressonador será encurtado se satisfizer a condição de ressonância do SIR que é derivada na secção 3.3.4
(Makimoto & Yamashita 2001)

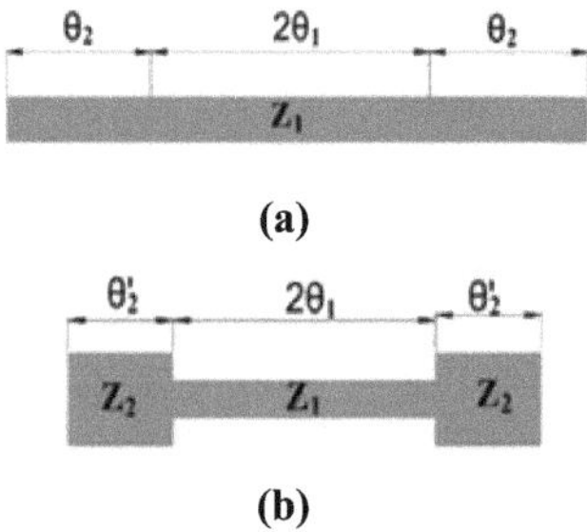

Figura 3.5 (a) UIR (b) SIR

3.3.3 Tipos de SIR

3.3.3.1 Ressonador de um quarto de comprimento de onda (λ_g /4)

Tem pontas abertas e em curto-circuito com impedâncias caraterísticas diferentes Z_1 e Z_2 , e comprimentos eléctricos θ_1 e θ .2

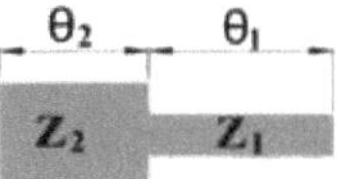

Figura 3.6 Ressonador de um quarto de comprimento de onda

3.3.3.2 Ressonador de meio comprimento de onda (λ_g /2)

Tem uma estrutura em que ambas as extremidades estão abertas.

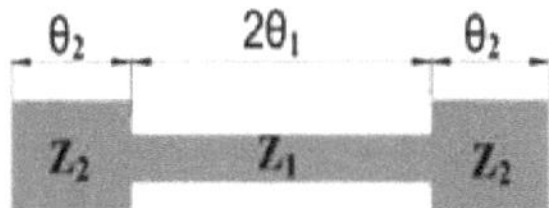

Figura 3.7 Ressonador de meio comprimento de onda

3.3.3.3 Ressonador de comprimento de onda total (λ)$_g$

Os dois stubs são ligados como se mostra na Figura 3.8.

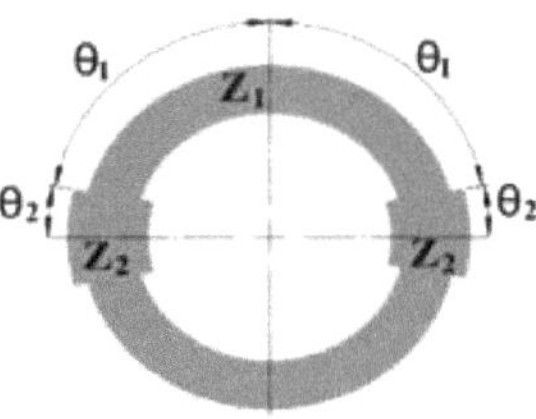

Figura 3.8 Ressonador de comprimento de onda total

3.3.4 Condições de ressonância

A Figura 3.9 representa a estrutura do ressoadorλ_g /4 SIR. É a combinação de stubs em circuito aberto e em curto-circuito. A impedância de entrada doλ_g /4 SIR é dada pela Equação (3.5).

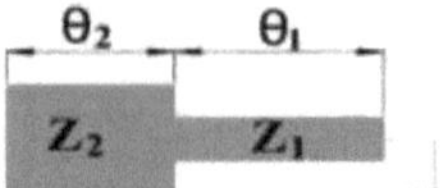

Figura 3.9 Estruturaλ_g /4 SIR

$$z_{in} = jz_2 \frac{z_1 tan\theta_1 + z_2 tan\theta_2}{z_2 - z_1 tan\theta_1 tan\theta_2} \quad (3.5)$$

A condição de ressonância paralela é obtida substituindo a admitância de entrada $_{in} = \frac{1}{Z_{in}} = 0$

$$z_2 - z_1 tan\theta_1 tan\theta_2 = 0 \quad (3.6)$$

Assim, $tan\theta_1 tan\theta_2 = \frac{z_2}{z_1} = R_z$ (3.7)

Aqui, R_z é a relação de impedância, e a condição de ressonância da SIR é obtida utilizando os comprimentos eléctricos ,$\theta_1\theta_2$ e a relação de impedância R .$_z$

O comprimento elétrico total da SIR é expresso como

$$\theta_T = \theta_1 + \theta_2 \quad (3.8)$$

$$= \theta_1 + tan^{-1}(\frac{R_z}{tan\theta_1}) \quad (3.9)$$

O comprimento elétrico normalizado em relação à medição UIRπ /2 é dado pela seguinte equação.

$$L_n = \frac{\theta_{TA}}{\pi/2} \quad (3.10)$$

Os comprimentos eléctricos totais deλ_g /2 eλ_g - tipo SIR são definidos, respetivamente, comoθ_{TB} e$\theta_{TC,}$ e estão representados a seguir.

$$\theta_{TB} = 2\theta_{TA} \tag{3.11}$$

$$\theta_{TC} = 4\theta_{TA} \tag{3.12}$$

Os comprimentos eléctricos deλ_g /2 eλ_g - tipo SIR são normalizados pelos comprimentos UIR correspondentes deπ e 2π , obtendo-se as seguintes equações:

$$L_n = \frac{\theta_{TB}}{\pi} = \frac{2\theta_{TA}}{\pi} \tag{3.13}$$

$$L_n = \frac{\theta_{TC}}{2\pi} = \frac{4\theta_{TA}}{2\pi} \tag{3.14}$$

A Figura 3.10 representa a relação entre a relação de impedância R_Z e o comprimento elétrico L_n . Da Figura 3.10, compreende-se que o comprimento normalizado do ressoador L_n atinge um valor máximo quando $R_Z \geq 1$ e um valor mínimo quando $R_Z < 1$.

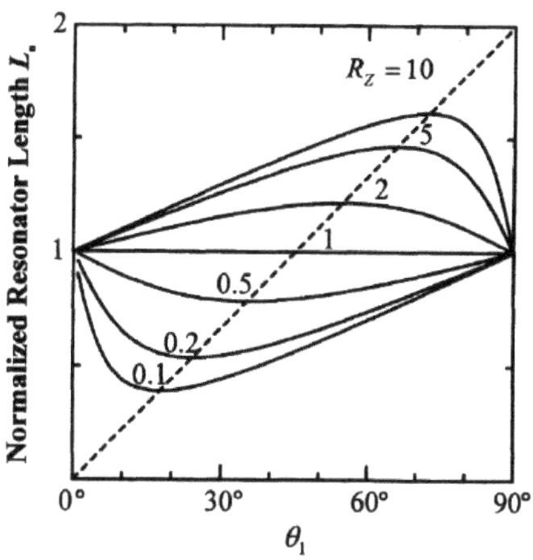

(Fonte: Makimoto & Yamashita 2001)

Figura 3.10 Condição de ressonância da SIR

3.3.5 Frequências de ressonância espúrias

Uma caraterística importante da SIR é que o comprimento do ressoador e as correspondentes frequências de ressonância espúrias podem ser ajustados alterando a relação de impedância R_Z . Nesta discussão, f_0 denota a frequência de ressonância fundamental e as frequências espúrias mais baixas da SIR do tipoλ_g /4,λ_g /2 eλ_g são representadas respetivamente como f_{SA} , f_{SB} e f_{SC} . As frequências espúrias de ressonância podem ser derivadas assumindo o modo TEM como modo dominante e negligenciando o efeito da junção em degrau na linha de transmissão do ressoador. Considerando os comprimentos eléctricos, = =$\theta_1\theta_2$ θ_0 , os comprimentos eléctricos do ressoador correspondentes às frequências espúrias f_{SA} , f_{SB} e f_{SC} são expressos como ,$\theta_{SA}\theta_{SB}$ e .θ_{SC}

A partir da Equação (3.7), obtém-se a seguinte equação:

$$tan\theta_{SA} = \tan(\pi - \theta_0) = -tan^{-1}\sqrt{R_z} \qquad (3.15)$$

As condições de ressonância para λ_g /2 e λ_g -tipo SIR podem ser derivadas da seguinte Equação (3.16).

$$(R_z tan\theta_1 + tan\theta_2)(R_z - tan\theta_1 tan\theta_2) = 0 \qquad (3.16)$$

Considerando = =$\theta_1\theta_2$ θ_0 obtém-se

$$\tan\theta_0\,(R_z + 1)(R_z - tan^2\theta_0) = 0 \qquad (3.17)$$

A partir da equação acima, obtêm-se as seguintes soluções:

$$\theta_0 = tan^{-1}\sqrt{R_z} \qquad (3.18)$$

$$\theta_{SB} = \theta_{SC} = \frac{\pi}{2} \qquad (3.19)$$

Consequentemente, as frequências de ressonância espúrias são obtidas do seguinte modo

$$\frac{f_{SA}}{f_0} = \frac{\theta_{SA}}{\theta_0} = \frac{\pi - \theta_0}{\theta_0} = \frac{\pi}{tan^{-1}\sqrt{R_Z}} - 1 \quad (3.20)$$

$$\frac{f_{SB}}{f_0} = \frac{f_{SC}}{f_0} = \frac{\theta_{SB}}{\theta_0} = \frac{\theta_{SB}}{\theta_0} = \frac{\pi}{2tan^{-1}\sqrt{R_Z}} \quad (3.21)$$

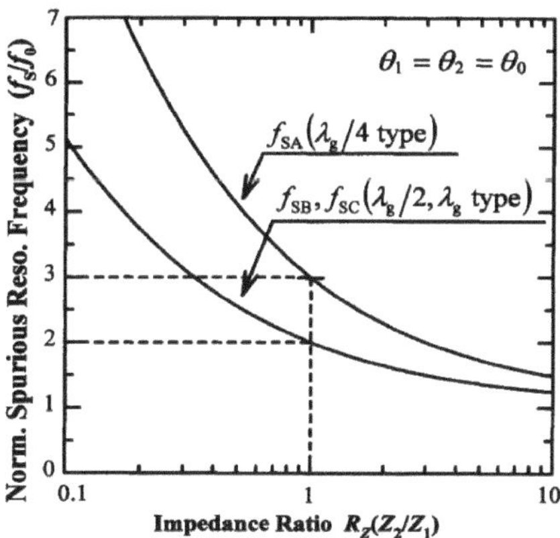

(Fonte: Makimoto & Yamashita 2001)

Figura 3.11 Resposta espúria da SIR

A Figura 3.11 representa a relação entre a relação de impedância e a resposta espúria normalizada. Para conseguir a miniaturização e afastar as frequências espúrias, as frequências de ressonância e a relação de impedância devem ter um valor mínimo.

3.3.6 Circuito equivalente

O circuito equivalente da SIR distribuída em termos de componentes de elementos fixos é apresentado na Figura 3.12. Os parâmetros de inclinação da susceptância e o fator de qualidade são utilizados para encontrar os valores dos componentes concentrados. O parâmetro de inclinação da susceptância b_s pode ser obtido a partir da sua definição como se segue (M. Sagawa *et al.* 1997):

$$b_s = \frac{\omega}{2} \frac{dB_s}{d\omega}\Big| = \omega\omega_0 \quad (3.22)$$

$$B = Im\left[\frac{1}{z_{in}}\right] \qquad (3.23)$$

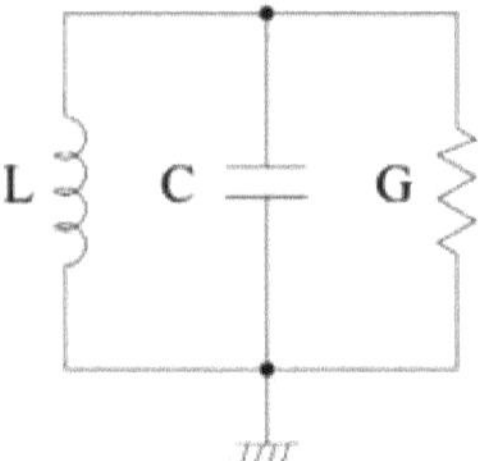

Figura 3.12 Circuito equivalente da SIR

em queω_0 é a frequência de ressonância angular e B_s (ω) é a susceptância da parte aberta da SIR e Z_{in} é a impedância de entrada. Os parâmetros de indutância, capacitância e condutância podem ser calculados do seguinte modo

$$L = \frac{1}{\omega_0 b_s} \qquad (3.24)$$

$$C = \frac{b_s}{\omega_0} \qquad (3.25)$$

$$G = \frac{b_s}{Q_0} \qquad (3.26)$$

em que, Q_0 é o fator de qualidade sem carga da SIR.

Quando o comprimento elétrico = =$\theta_1\theta_2\theta_0$, , os parâmetros de inclinação da susceptância dos SIR do tipoλ_g /4,λ_g /2,λ_g são expressos como b_{SAO} , b_{SBO} , b_{SCO} respetivamente e são dados nas equações (3.27) a (3.29).

$$b_{SAO} = \theta_0 Y_2 = \frac{tan^{-1}\sqrt{R_z}}{Z_2} \qquad (3.27)$$

$$b_{SBO} = 2\theta_0 Y_2 = \frac{2tan^{-1}\sqrt{R_z}}{Z_2} \qquad (3.28)$$

$$b_{CO} = 4\theta_0 Y_2 = \frac{4tan^{-1}\sqrt{R_z}}{Z_2} \qquad (3.29)$$

Como resultado, os valores dos elementos podem ser calculados utilizando os parâmetros de inclinação da susceptância acima referidos e o Q sem carga. O Q sem carga é calculado pela dimensão física e pelos materiais que compõem o ressoador.

3.3.7 Ressonador de impedância escalonada de secção tripla (TSSIR)

A figura 3.13 mostra o ressoador de impedância escalonada de três secções. Como a impedância escalonada de duas secções foi discutida na secção 3.3.2, a condição de ressonância para o SIR de três secções é dada pela seguinte equação.

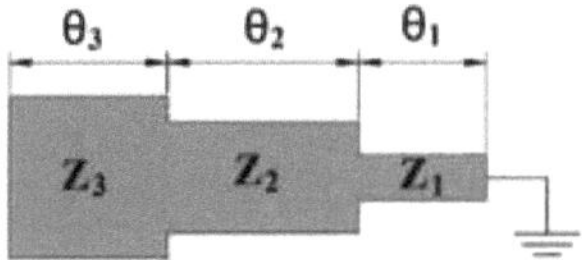

Figura 3.13 Ressonador de impedância escalonada de secção tripla

$$\frac{z_2}{z_1}\tan\theta_1 tan\theta_2 + \frac{z_2}{z_3}\tan\theta_2\tan\theta_3 + \frac{z_3}{z_1}\tan\theta_1\tan\theta_3 = 1 \qquad (3.30)$$

em que as relações de impedância são $R_{z_1} = \frac{z_2}{z_1}, R_{z_2} = \frac{z_2}{z_3} and\ R_{z_3} = \frac{z_2}{z_1}$ e os comprimentos eléctricos sãoθ_1 ,θ_2 eθ_3 . As relações de impedância e os comprimentos eléctricos dos ressoadores de impedância escalonada determinam a frequência de ressonância e permitem a miniaturização.

Se o ressoador escalonado de três secções tiver igual comprimento e diferentes impedâncias caraterísticas, a condição para a ressonância fundamental do SIR de três secções será derivada (X. M. Lin & Q. X. Chu 2007) como a equação abaixo.

$$\theta = an^{-1}\sqrt{\frac{R_{Z_1}R_{Z_2}}{R_{Z_1}+R_{Z_2}+1}} \tag{3.31}$$

A primeira frequência de ressonância espúria é:

$$f_{SA=}\frac{\theta_{SA}}{\theta}f_0 \tag{3.32}$$

onde, $tan^{-1}\sqrt{\frac{1+R_{Z_1}+R_{Z_1}R_{Z_2}}{R_{Z_2}}}$

E a segunda frequência espúria ocorre a:

$$f_{SB=}\frac{\theta_{SB}}{\theta}f_0 \tag{3.33}$$

onde, $\theta_{SB} = \pi$

Consequentemente, as três frequências ressonantes podem ser obtidas com um único ressoador de impedância escalonada de três secções, determinando corretamente as relações de impedância R_{Z_1} e R_{Z_2}.

Chin-Kang Lung *et al.* (2007) calcularam a impedância total de um ressoador de impedância escalonada de secção tripla Z_{TSSIR} como se segue.

$$Z_{TSSIR} = jZ_3\frac{tan\theta_3-\frac{R_{Z_2}(R_{Z_1}cot\theta_1-R_{Z_2}tan\theta_2)}{(R_{Z_2}+R_{Z_1}cot\theta_1tan\theta_2}}{1+\frac{R_{Z_2}tan\theta_3(R_{Z_1}cot\theta_1-R_{Z_2}tan\theta_2)}{(R_{Z_2}+R_{Z_1}cot\theta_1tan\theta_2)}} \tag{3.34}$$

A Figura 3.14 seguinte representa seis combinações diferentes do ressoador de impedância escalonada de três secções com base nas relações de impedância R_{Z_1} e R_{Z_2}.

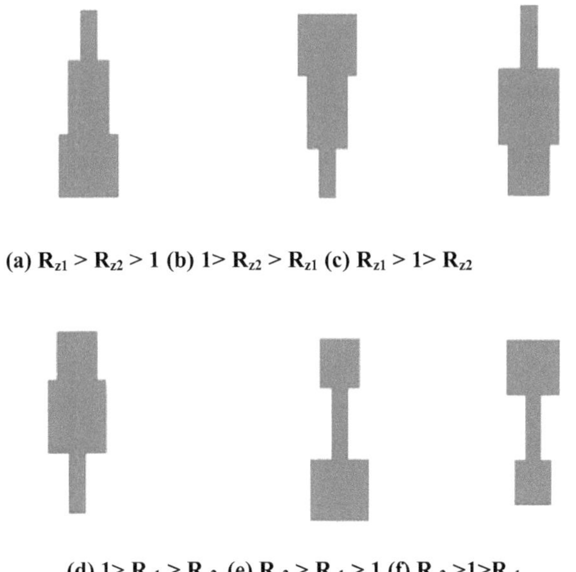

(a) $R_{z1} > R_{z2} > 1$ (b) $1 > R_{z2} > R_{z1}$ (c) $R_{z1} > 1 > R_{z2}$

(d) $1 > R_{z1} > R_{z2}$ (e) $R_{z2} > R_{z1} > 1$ (f) $R_{z2} > 1 > R_{z1}$

Figura 3.14 Estruturas da TSSIR para diferentes rácios de impedância

3.3.8 Ressonadores multi-passo e de linha cónica

A SIR multi-passo contém dois ou mais stubs de impedâncias diferentes. A figura 3.15 representa as impedâncias multi-passos com base em 'n'; onde n é o número de passos. O ressoador de linha cónica contém um número variável de degraus.

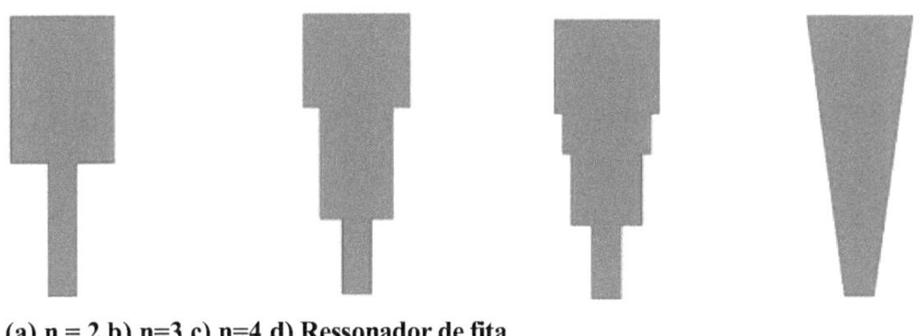

(a) n = 2 b) n=3 c) n=4 d) Ressonador de fita

Figura 3.15 Ressonadores de impedância multiescalonada e ressonador linear de linhas cónicas

3.3.9 Linha dobrada SIR

Esses tipos de SIRs são obtidos pela substituição de uma única linha de transmissão por uma combinação de linhas de transmissão e são usados para alcançar a miniaturização de componentes de microfita. A Figura 3.16 a seguir representa a SIR básica, o circuito equivalente e a SIR dobrada obtida a partir da representação do circuito equivalente (Rupali & Rajni 2017). O SIR de linha dobrada atinge a miniaturização quando comparado com o SIR básico. Para obter uma caraterística de frequência precisa, é utilizada a análise electromagnética, como o método dos elementos finitos, para definir as curvas em ângulo reto e as secções em T.

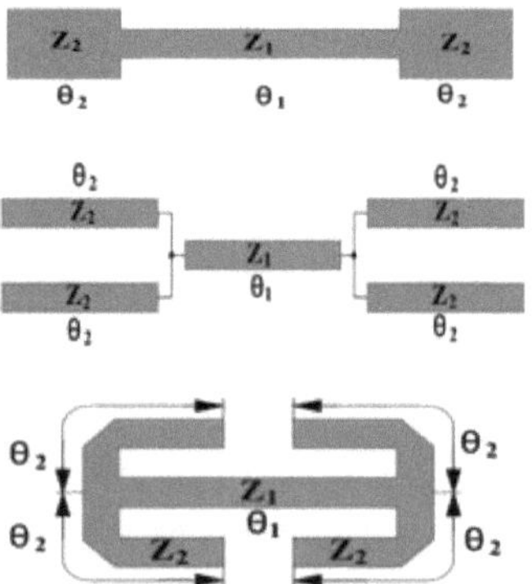

Figura 3.16 (a) SIR básico (b) Um circuito equivalente de (a) (c) -SIR dobrado

3.4 PROJECTO DE UM FILTRO PASSA-BANDA TRI-BANDA MINIATURIZADO UTILIZANDO UM RESSONADOR DE IMPEDÂNCIA ESCALONADA

Esta secção explica a conceção de um filtro passa-banda de microfita tri-banda miniaturizado. A figura 3.17 mostra a estrutura do filtro passa-banda tri-banda. Este filtro é fabricado num substrato RT/Duroid 5880 com 20 mm de espessura, com uma constante dieléctrica relativa deε_r = 2,2 e uma tangente de perda de 0,0009, e tem uma camada de terra inferior. Aqui, as frequências ressonantes tri-banda a 2,4, 3,5 e 5,2 GHz são alcançadas e controladas através de três trajectos separados. Cada caminho contém um ressonador de impedância escalonada de secção tripla. Para atingir a ressonância utilizando um ressoador de impedância uniforme, é necessárioλ_g /2 um stub longo. No entanto, a utilização de ressoadores de impedância escalonada reduz o comprimento do ressoador e o tamanho total do filtro. As dimensões geométricas optimizadas do BPF tri-banda proposto são escolhidas da seguinte forma W_1 = 0,6, W_2 = 0,8, W_3 – 1,45, W_4 = 0,75, W_5 = 1,2, W_6 = 0,3, W_7 = 0,6, W_8 = 0,22, W_9 = 0,6, L_1 = 15,36, L_2 = 4, L_3 = 12,

L_4 = 5.2, L_5 = 24, L_6 = 3.6, L_7 = 3.6, L_8 = 12.25, L_9 = 22.91, g_1 = 0.15, g_2 = 0.4, e g_3 = 0.4 (todas as unidades estão em milímetros), e o diâmetro da via é 0.4 mm.

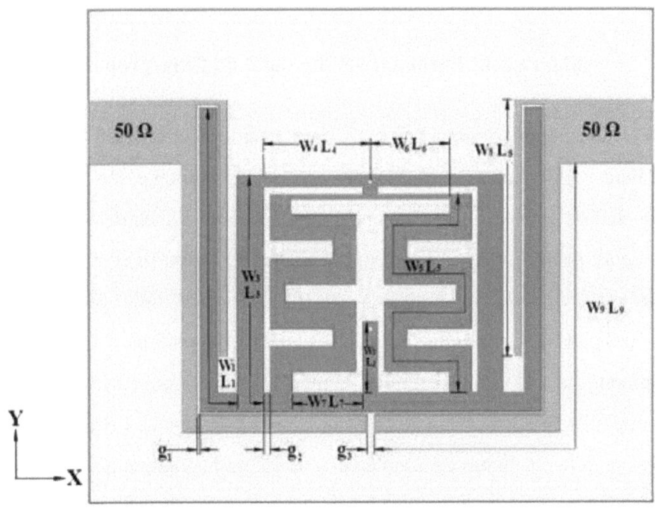

Figura 3.17 Estrutura do filtro proposto

Uma vez que a estrutura do filtro é simétrica, foi utilizada a análise dos modos pares e ímpares para encontrar as suas frequências de ressonância. Os parâmetros S simulados do filtro proposto são apresentados na Figura 3.18. A construção do filtro proposto contém os três caminhos principais seguintes.

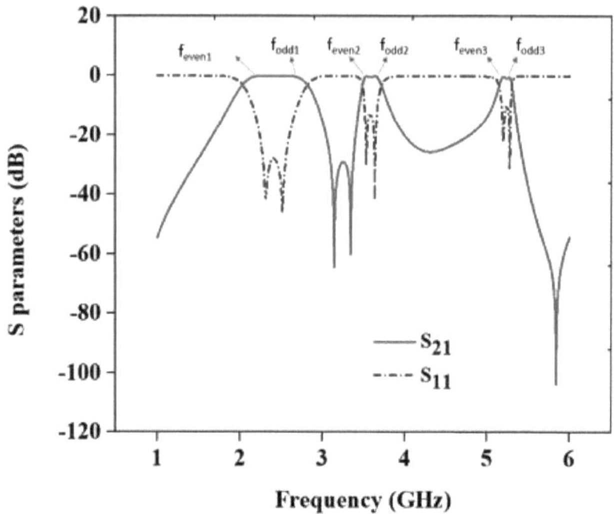

Figura 3.18 Parâmetro S simulado do filtro proposto

As áreas sombreadas a azul e cinzento representam ressoadores de impedância escalonada e linhas de alimentação. Normalmente, são utilizadas linhas de derivação e linhas de acoplamento paralelo como linhas de alimentação. As linhas de alimentação são utilizadas para ajustar de forma flexível o acoplamento externo para cada banda passante. Neste filtro proposto, (W_8 , L_8) e (W_9 , L_9) foram utilizadas como linhas de alimentação. Os parâmetros das linhas de acoplamento paralelo são escolhidos de modo a corresponder à impedância de 50 Ω e à impedância dos ressoadores de impedância escalonada. Pequenos intervalos de acoplamento em linhas de acoplamento paralelo resultam num grande fator de acoplamento externo. As linhas de alimentação são dobradas para reduzir o tamanho. Haiwen Liu *et al.* (2016) derivaram os parâmetros do acoplamento fonte-carga de acordo com o fator de qualidade externo.

3.4.1 Caminho-I

A estrutura do filtro passa-banda de banda única é apresentada na Figura 3.19. Funciona como um ressoador de impedância escalonada de duas secções. As impedâncias e os comprimentos eléctricos que satisfazem a condição de ressonância do ressoador de impedância escalonada de duas secções mencionada na Equação (3.7) são $Z_1 = 87{,}8\ \Omega$, $Z_2 = 75{,}7\ \Omega$, $\theta_1 = 72{,}83$ e $\theta_2 = 15{,}47$ para a relação de impedância Rz = 0,895. Os stubs de largura W e comprimento L, tais como (W_1 , L_1) e (W_2 , L_2) constituem o caminho I que ressoa a 2,4 GHz, em que $W_1 = 0{,}6$ mm, $L_1 = 22$ mm, $W_2 = 0{,}8$ mm e $L_2 = 4$ mm. As fórmulas para calcular a largura e o comprimento são dadas nas Equações (3.35) a (3.37) (Makimoto & Yamashita 2001).

$$w = \frac{7.48 \times h}{\frac{z_0\sqrt{\varepsilon_r + 1.41}}{87}} - 1.25t \tag{3.35}$$

$$L = \frac{\theta}{\beta} \tag{3.36}$$

$$\lambda_g = \frac{300}{f_{GHz}\sqrt{\varepsilon_{reff}}} \tag{3.37}$$

Uma vez que a estrutura é simétrica, a análise dos modos pares e ímpares é utilizada para encontrar as suas caraterísticas de ressonância. Os modos pares e ímpares são dois modos dominantes nas linhas de transmissão acopladas em paralelo. O modo ímpar ocorre quando as duas portas são acionadas de forma diferente, como sinais da mesma amplitude e polaridade oposta, e se as portas forem alimentadas com sinais da mesma amplitude e da mesma polaridade, resulta no modo par. No caso de excitação em modo par, a corrente é nula no plano de simetria, o que resulta na Figura 3.20 (a). Para excitação em modo ímpar, há uma tensão nula no plano simétrico e a corrente não flui através dele. O resultado é a Figura 3.20 (b).

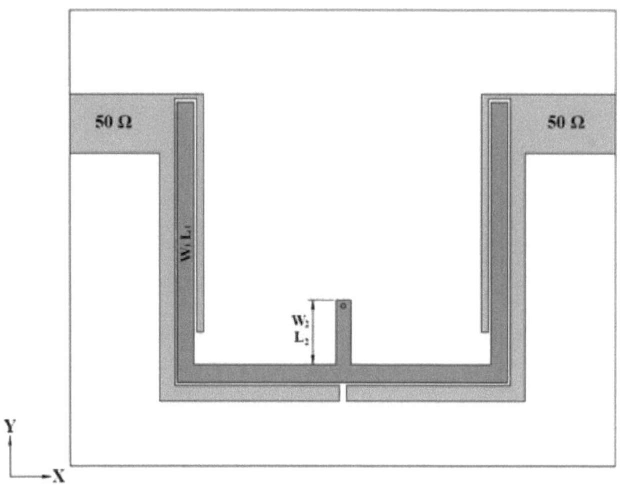

Figura 3.19 Estrutura do ressoador do caminho I

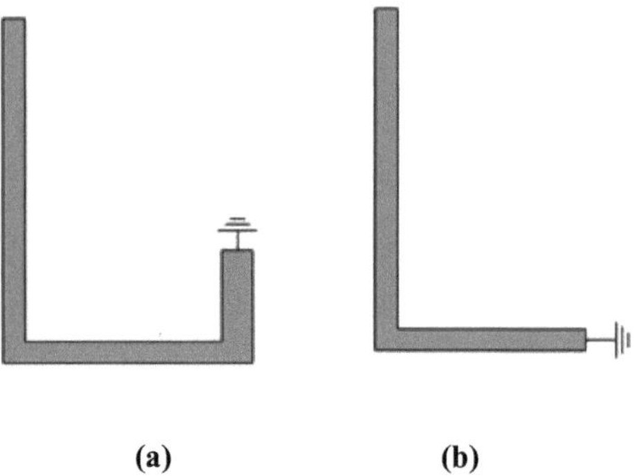

(a) **(b)**

Figura 3.20 (a) Ressonador de modo par (b) Ressonador de modo ímpar

Os ressoadores de modo par e ímpar no percurso I são apresentados na Figura 3.20. Nas condições de modo ímpar, o ressoador é considerado um único stub, e no modo par, o caminho contém um ressoador de impedância escalonada de duas secções. O rácio de impedância calculado é Rz = 0,895. As frequências de ressonância dos modos par e ímpar devidas ao caminho I são 2,1 e 2,5 GHz, respetivamente. `

3.4.2 Via-II

As figuras 3.21 e 3.22 representam a estrutura e os ressoadores de modo par e ímpar do caminho II, respetivamente. Neste caso, os stubs (W_1 , L_1), (W_3 , L_3) e (W_4 , L_4) constituem o caminho II que ressoa a 4,8 GHz, em que W_1 = 0,6 mm, L_1 = 17 mm, W_3 = 1,45 mm, L_3 = 12 mm, W_4 = 0,75 mm e L_4 = 5,2 mm. As impedâncias calculadas e os comprimentos eléctricos dos três stubs são, respetivamente, Z_1 = 87,8 Ω, θ_1 =116, Z_2 =52,9 Ω, θ_2 =94,3, Z_3 =78,4 Ω e θ_3 =40. Na condição de modo par, a relação de impedância e os comprimentos eléctricos calculados são R_{z1} = 0,6, R_{z2} = 0,674 e Rz_3 = 0,9. Os valores calculados acima satisfazem a condição de ressonância para o SIR de três secções. O ressonador de modo par e ímpar ressoa em torno da frequência central de 4,8 GHz.

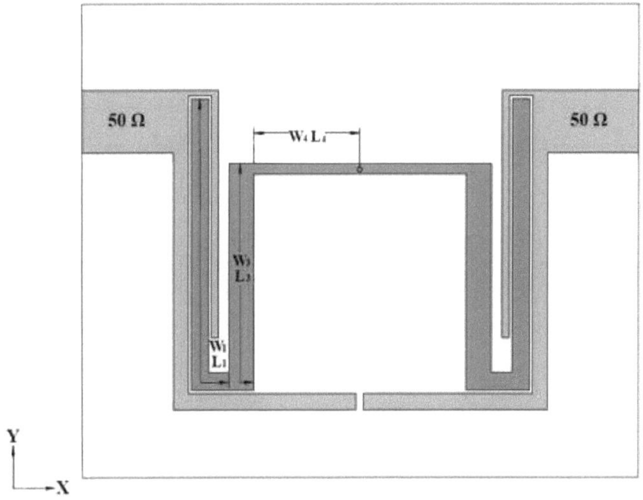

Figura 3.21 Estrutura do ressoador de percurso II

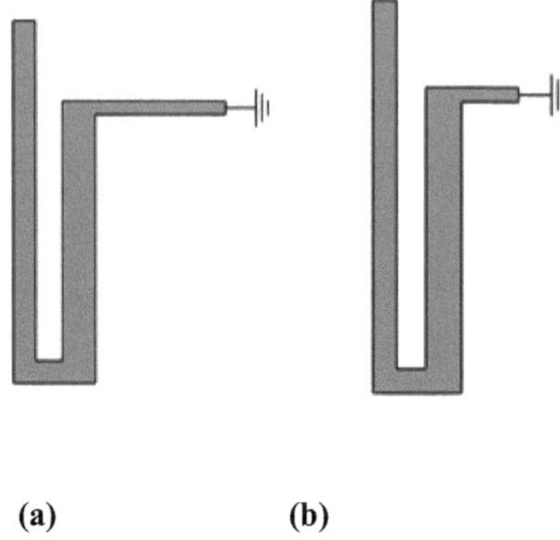

Figura 3.22(a) Ressonador de modo par (b) Ressonador de modo ímpar

3.4.3 Caminho-III

A figura 3.23 mostra o caminho III. Neste, os stubs (W_1 , L_1), (W_5 , L_5) e (W_6 , L_6) constituem o caminho III que ressoa a 3,5 GHz, onde W_1 =0,6 mm, L_1 =18,41 mm, W_5 =1,2 mm, L_5 =24 mm, W_6 = 0,3 mm e L_6 = 5,2 mm. As impedâncias calculadas e os comprimentos eléctricos de três stubs diferentes são Z_1 =87,8 Ω, θ_1 =103, Z_2 =59,7 Ω, θ_2 =136,85 Z_3 = 119,38 Ω e θ_3 = 28,7 respetivamente. Em condições de modo par, os rácios de impedância calculados são R_{z1} =0,6, R_{Z2} =0,5 e R_{z3} =1,359. Os valores calculados acima satisfazem a condição de ressonância para a SIR de três secções. As frequências ressonantes pares e ímpares ocorrem em torno da frequência central de 3,5 GHz.

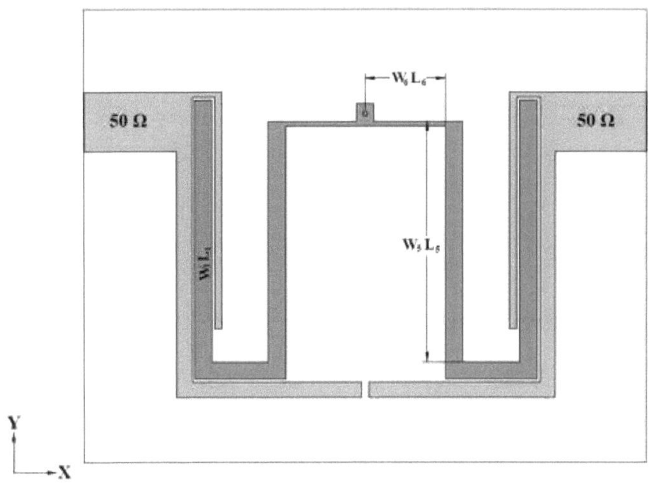

Figura 3.23 Estrutura do ressoador do percurso III

Neste caminho III, o stub vertical de comprimento elétrico θ_2 =136,85 ocupa mais espaço na direção vertical. Para obter uma estrutura compacta, o stub vertical é substituído por stubs meandrados, produzindo as mesmas frequências de ressonância. Os resultados são verificados utilizando o software de simulação CST.

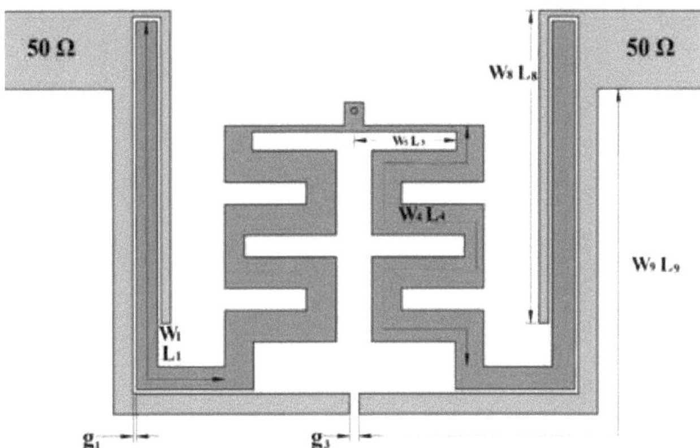

Figura 3.24 Estrutura do ressoador de caminho III com stubs meandrados

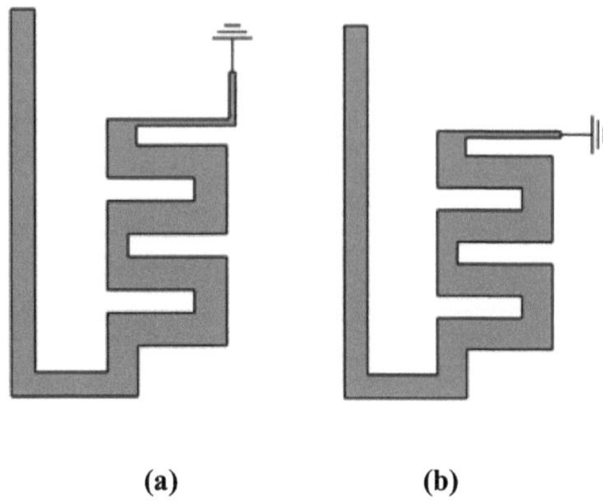

Figura 3.25 (a) Ressonador de modo par (b) Ressonador de modo ímpar

A inclusão de stubs meandrados no percurso III desloca a frequência de ressonância do percurso II de 4,8 GHz para 5,2 GHz. Outras variações na largura e no comprimento dos stubs meandrados estão representadas na Figura 3.26.

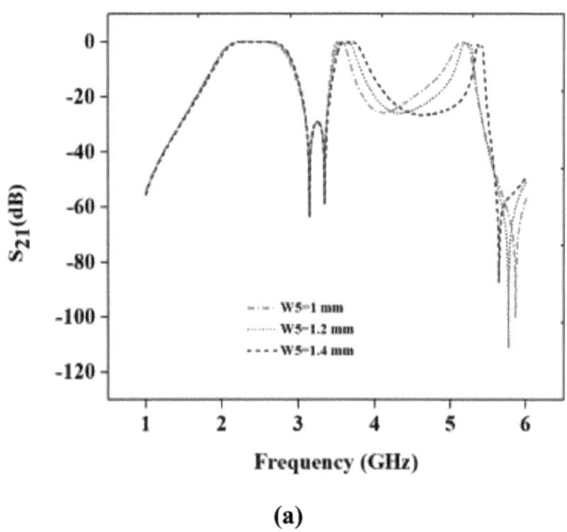

(a)

Figura 3.26 (continuação)

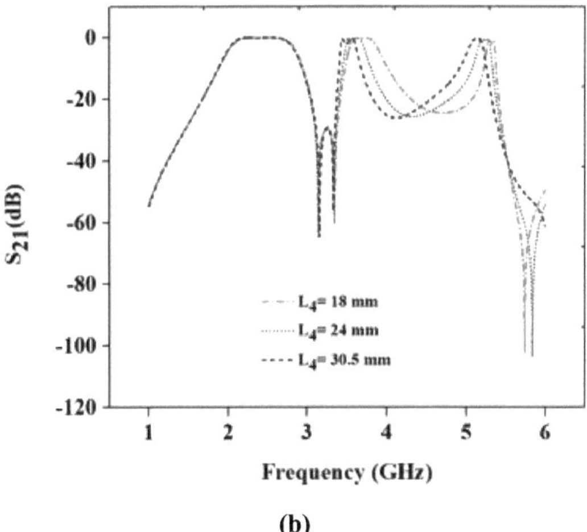

(b)

Figura 3.26 Coeficiente de transmissão simulado com vários a) W_4 b) L_4

A variação da largura e do comprimento dos stubs meandrados não afecta a primeira frequência de ressonância a 2,4 GHz. Faz ligeiras alterações nas frequências de 3,5 e 5,2 GHz.

3.5EXECUÇÃO E MEDIÇÃO

O filtro proposto foi fabricado em substratos RT / Duroid 5880 de 20 milímetros de espessura com constante dielétrica relativa ε_r = 2,2 e tangente de perda dielétrica de 0,0009.

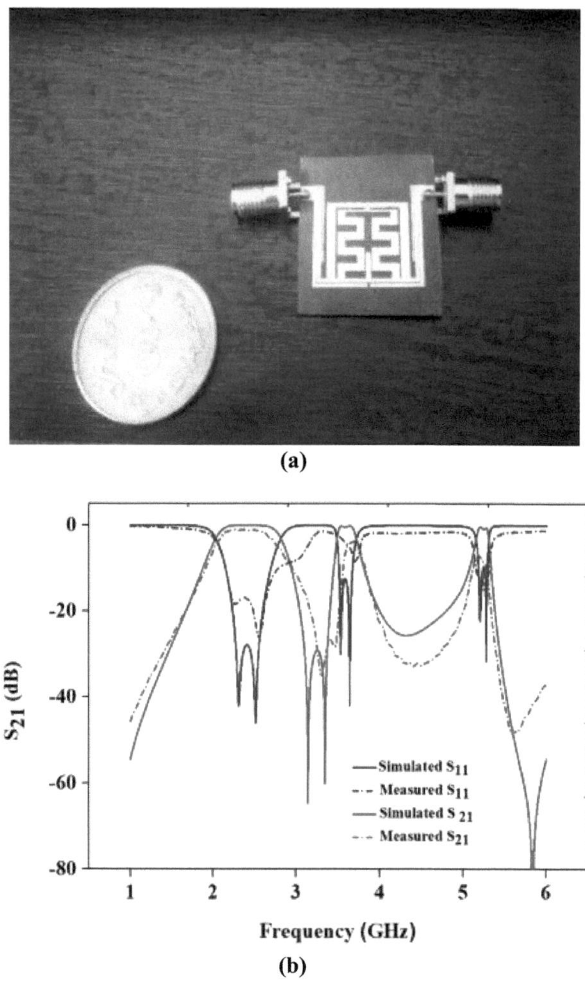

Figura 3.27 (a) Imagem do filtro fabricado b) Resultados simulados e medidos do filtro proposto

Foi utilizado o simulador de micro-ondas CST para a simulação e a medição foi efectuada no analisador de micro-ondas Field Fox da Keysight (N9917A) de forma controlada. A Figura 3.27 (a) mostra a fotografia do BPF fabricado. O tamanho total do filtro é de (0,013 x 0,012)λ_g mm^2 , ondeλ_g é o comprimento de onda guiado na frequência central da primeira banda passante de 2,4 GHz.

A Figura 3.27 (b) mostra os parâmetros S simulados e medidos do BPF tri-banda fabricado. A ressonância ocorre a 2,4, 3,5 e 5,2 GHz com uma largura de banda fraccionada de 3 dB de 32,5, 6,28 e 2,8 %, respetivamente. A perda de retorno em todas as três bandas passantes é superior a 10 dB. A perda de inserção é de 0,5, 2 e 3 dB, respetivamente, a 2,4, 3,5 e 5,2 GHz. As diferenças entre os resultados simulados e medidos devem-se à perda de fabrico e às perdas de condutor e de inserção dos conectores SMA. A Tabela 1 compara o tamanho do trabalho proposto com as referências.

Tabela 3.1 Comparação do desempenho do filtro passa-banda proposto com as referências

Referências	Frequências ressonantes (GHz)	3 dB FBW (%)	Tamanho do circuito (λ g xλ g)
Basit *et al.* (2020)	0.85/1.57 / 2.4	16.8/3.5 /9.6	0.10x0.09
Liu *et al.* (2016)	1.7/3.5/5.8	22.9/16.8/9.5	0.17x0.18
Zhang *et al.* (2010)	1.84/2.45/2.98	4.9/3.5/5.7	0.22x0.27
Kumar *et al.* (2014)	1.53/3.12/4.02	15.7/12.7/5.7	0.28x0.12
Hsu *et al.* (2008)	1.57/2.45/3.5	12.5/8/6	0.26x0.59
Mo *et al.* (2014)	3.48/4.18/5.52	7/5/6	0.35x0.17
Doan *et al.* (2012)	2.4/3.5/5.2	5/3.7/4.2	0.16x0.1
Chen *et al.* (2013)	2.4/3.5/5.8	5.6/4.1/4.7	0.16x0.34
Este trabalho	**2.4,3.5 &5.2**	**32.5,6.28 &2.8**	**0.013x0.012**

Tabela 3.2 Comparação de desempenho entre os dois filtros propostos

Filtro	Funcionamento Frequências (GHz)	3-dB FBW (%)	Perda de retorno (dB)	Inserção Perda (dB)	Circuito Tamanho	Minimiza-ção Técnica

Tri-banda microstri p passagem de banda filtro	2.4/3.5/5.2	32.5/ 6.28/ 2.8	<10	0.5/2/ 3	0.013x0.012 (λgxλg)	Escalonad o Impedânc ia Ressonad or
Filtro de banda de microfita tri-banda (Capítulo 2)	1.8/2.4/3	20/1 2 /22	11/21/ 17	2/2/1. 1	65% (Relativame nte a convenciona l filtro de paragem de banda)	Linhas de espigão e orifícios de passagem

3.6 CONCLUSÃO

Neste capítulo, é proposto um filtro passa-banda de microfita tri-banda miniaturizado baseado num ressoador de impedância escalonada de secção tripla e num ressoador de impedância escalonada meândrica. São estabelecidos três caminhos separados contendo um ressoador de impedância escalonada para produzir frequências tri-banda a 2,4, 3,5 e 5,2 GHz. O filtro proposto funciona nas bandas de frequência Wi-Max e WLAN. O filtro que utiliza um ressonador de impedância escalonada tem um tamanho reduzido quando comparado com o que utiliza um ressonador de impedância uniforme. Para reduzir ainda mais o tamanho do filtro, foram utilizados stubs meandrados. A resposta espúria do filtro foi desviada para longe das frequências de funcionamento, selecionando adequadamente as relações de impedância do SIR em cada caminho. A ressonância ocorre a 2,4, 3,5 e 5,2 GHz com uma largura de banda fraccionada de 3 dB de 32,5, 6,28 e 2,8 %, respetivamente. A perda de retorno em todas as três bandas passantes é superior a 10 dB. A perda de inserção é de 0,5, 2 e 3 dB a 2,4, 3,5 e 5,2 GHz, respetivamente.

CAPÍTULO 4

ANTENA MIMO DE MICROFITA TRI-BANDA MINIATURIZADA

4.1 INTRODUÇÃO

Este capítulo dá ênfase à conceção e à miniaturização do sistema MIMO multibanda. Uma vez que a tecnologia de antenas está a progredir rapidamente para suportar múltiplas bandas e múltiplas aplicações de serviços, os conjuntos de antenas multibanda com múltiplas portas são amplamente utilizados em sistemas de comunicação sem fios modernos, como MIMO, descobertas de direção, etc. Especificamente, as antenas MIMO melhoraram a eficiência espetral e a grande capacidade do sistema, que são uma tecnologia-chave para a quinta geração e mais além na comunicação móvel. No entanto, o acoplamento de energia ou o acoplamento mútuo entre elementos adjacentes e não adjacentes ocorre quando as antenas estão muito próximas em MIMO ou em conjuntos de antenas.

Neste trabalho, foi concebido um MIMO 2x2 tri-banda que funciona nas frequências de 2,4, 3,5 e 5,5 GHz, satisfazendo as normas WLAN e Wi- MAX. A redução do acoplamento mútuo e o aumento do isolamento de λ_0 /9, em que λ_0 é o comprimento de onda do espaço livre na frequência de 2,4 GHz, foram conseguidos colocando uma unidade de desacoplamento entre as antenas. Neste caso, foi utilizado um ressoador de laço assimétrico carregado de espículas como unidade de desacoplamento, que actua como filtro de paragem de banda larga com frequências de paragem de 2 GHz a 10 GHz.

4.2 VISÃO GERAL DAS ANTENAS MIMO

O MIMO foi inicialmente proposto no início dos anos 90 como uma solução viável para melhorar a capacidade do canal, a fiabilidade do sistema e a velocidade de transmissão de dados. Como o nome indica, o MIMO tem um número múltiplo de antenas emissoras e receptoras para enviar e receber mais do que um sinal de dados em simultâneo através do mesmo rádio, explorando a propagação multipercurso. O MIMO tornou-se um elemento essencial das normas de comunicação sem fios, incluindo IEEE 802.11n (Wi-Fi), IEEE 802.11ac (Wi-Fi), HSPA^{+} (3G), WiMAX, Long term Evolution (4G LTE) e tecnologias 5G.

São utilizados vários modos de diversidade no MIMO para estabilizar uma ligação e melhorar o desempenho através da redução da taxa de erro. Nas técnicas de diversidade, várias cópias da mesma informação são enviadas através dos canais independentes para combater o desvanecimento. A quantidade de desvanecimento sofrida por cada cópia dos dados será diferente. Isto garante que pelo menos uma das cópias sofrerá menos desvanecimento em comparação com as restantes cópias. Seguem-se alguns dos esquemas de diversidade:

(i) Diversidade temporal

No esquema de diversidade temporal, a informação é transmitida em momentos diferentes, por exemplo, utilizando diferentes intervalos de tempo e codificação de canal.

(ii) Diversidade de frequências

Esta forma de diversidade utiliza frequências diferentes para transmitir a mesma informação.

(iii) Diversidade espacial

Neste esquema, as antenas estão localizadas em locais diferentes para receber as cópias da informação.

Seguem-se as diferentes configurações do MIMO:

(i) **SISO: A** entrada única e a saída única utilizam um único transmissor e uma única antena recetora e não são aplicados esquemas de diversidade.

(ii) **SIMO:** Single-Input and Multiple-Output (entrada única e saída múltipla) tem uma única antena transmissora e várias antenas receptoras.

(iii) **MISO:** Multiple-Input and Single-Output (entrada múltipla e saída única) tem várias antenas no transmissor e uma única antena no recetor.

(iv) **MIMO:** Multiple-Input and Multiple-Output (entrada múltipla e saída múltipla), em que são utilizadas várias antenas no transmissor e várias antenas no recetor.

A Figura 4.1 representa o diagrama geral do MIMO. Neste sistema MIMO, são utilizadas 'm' antenas de transmissão e 'n' antenas de receção. Aqui, cada antena não só recebe os componentes diretos, como h_{11} , mas também recebe o componente indireto h_{21} e estes componentes formam a matriz de transmissão H com dimensões m x n.

$$H = \begin{bmatrix} h_{11} & \cdots & h_{1m} \\ \vdots & \ddots & \vdots \\ h_{n1} & \cdots & h_{nm} \end{bmatrix} \qquad (4.1)$$

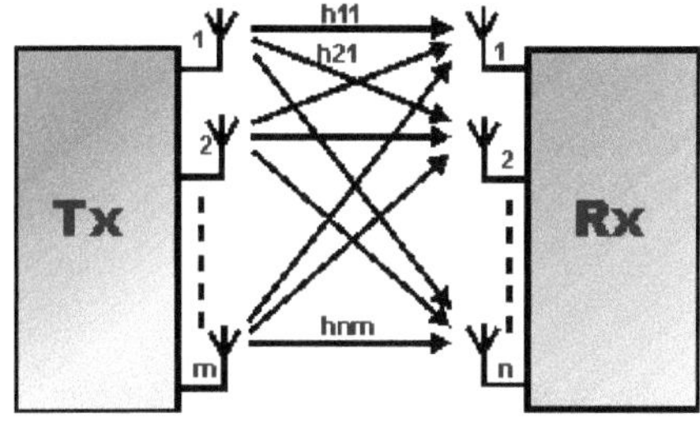

(Fonte:https://www.electronics-notes.com/articles/antennas-propagation/mimo/what-is-mimo-multiple-input-multiple-output-wireless-technology.php)

Figura 4.1 Diagrama geral do MIMO

4.3 AS CARACTERÍSTICAS DE DIVERSIDADE DO MIMO

O desempenho da diversidade da antena MIMO foi analisado com base nos seguintes parâmetros:

4.3.1 Ganho efetivo médio (MEG)

O desempenho dos sistemas MIMO é caracterizado pelo ganho médio efetivo da antena. O MEG é definido como o rácio entre a potência média recebida da antena e a potência total incidente. Pode ser expresso pela seguinte fórmula (4.2):

$$MEG = \int_0^{2\pi}\int_0^{\pi}\left(\frac{XPR}{1+XPR}\, G_\theta(\theta,\varphi)\, P_\theta(\theta,\varphi) + \frac{1}{1+XPR}\, G_\varphi(\theta,\varphi)\, P_\varphi(\theta,\varphi)\right) sin\theta\, d\theta\, d\Phi \quad (4.2)$$

onde, P_θ e P_Φ são as funções de diversidade angular da potência incidente em relação às direcçõesθ eΦ , respetivamente,G_θ e G_Φ são os ganhos em relação às direcçõesθ eΦ , respetivamente, e XPR representa o ganho de potência de polarização cruzada, que é definido como

$$XPR = \frac{\int_0^{2\pi}\int_0^{\pi} P_\theta(\theta,\varphi) sin\theta d\theta d\varphi}{\int_0^{2\pi}\int_0^{\pi} P_\varphi(\theta,\varphi) sin d\theta d\varphi} \quad (4.3)$$

4.3.2 Correlação cruzada do envelope (ECC)

No sistema MIMO, a capacidade do canal aumenta quando o número de elementos aumenta. Um dos principais inconvenientes desta tecnologia, que reduz o seu desempenho, é a correlação entre sinais adjacentes. A Equação (4.4) abaixo calcula o coeficiente de correlação de envelope utilizando os parâmetros 'S' para NxN MIMO.

$$\rho_e(i,j,N) = \frac{\left|\sum_{n=1}^{N} S_{i,n}^{*} S_{n,j}\right|^2}{\prod_{k=(i,j)}\left[1-\sum_{n=1}^{N} S_{i,n}^{*} S_{n,k}\right]} \quad (4.4)$$

Para que o desempenho da diversidade seja significativo, o coeficiente de correlação deve ser inferior a 0,5.

4.3.3 Ganho de diretiva (DG)

O ganho de diversidade é uma figura de mérito utilizada para quantificar o nível de desempenho das técnicas de diversidade. O DG é o declive da curva de probabilidade de erro em termos da SNR recebida numa escala logarítmica e está relacionado com o coeficiente de correlação. A relação entre o DG e o coeficiente de correlação pode ser dada aproximadamente pela seguinte equação (4.5).

$$DG = 10\sqrt{1 - |\rho_e|^2} \quad (4.5)$$

A relação mostra claramente que quanto mais baixo for o coeficiente de correlação, maior será o ganho de diversidade. O DG superior a 0 dB é necessário para o bom desempenho do MIMO.

4.3.4 Coeficiente de reflexão ativa total (TARC)

A TARC fornece uma medida significativa da eficiência MIMO. É definida como a raiz quadrada do rácio entre a potência reflectida e a potência incidente.

A TARC para uma antena com N portas sem perdas pode ser descrita da seguinte forma

$$T = \frac{\sqrt{\sum_{i=1}^{N} |b_i|^2}}{\sqrt{\sum_{i=1}^{N} |a_i|^2}} \quad (4.6)$$

onde,

a_i é o vetor do sinal incidente com elementos em fase aleatórios.

b_i é o vetor do sinal refletido.

4.3.5 Perda de capacidade do canal (CCL)

A perda de capacidade do canal define a perda de transmissão em bits/S/Hz numa transmissão de elevado débito de dados. A transmissão de dados elevados é viável para um limite mínimo aceitável de CCL dado por 0,4 bits/S/Hz. A fórmula para C_{loss} é dada a seguir.

$$C_{loss} = -log_2\, det(\Psi_R) \tag{4.7}$$

onde, Ψ_R é a matriz de correlação da antena de receção.

4.4 CONCEPÇÃO DA ANTENA

Neste capítulo, a antena monopolar planar tri-banda de microfita foi considerada como elemento MIMO.

A microfita é uma tecnologia em que um condutor superior é separado do plano de terra por uma camada dieléctrica. Neste caso, a camada dieléctrica acrescenta caraterísticas especiais, como leveza, baixo perfil e facilidade de fabrico. As linhas de microfita são concebidas para transmitir sinais de frequência de micro-ondas. Na maioria das vezes, os componentes passivos de micro-ondas, como filtros, antenas, acopladores, divisores de potência, etc., podem ser formados utilizando a tecnologia de microfita. As antenas de microstrip receberam uma atenção considerável na década de 1970. As antenas de microstrip têm quatro categorias principais, como as antenas de patch de microstrip, os dipolos de microstrip, as antenas de ranhura impressas e as antenas de onda viajante de microstrip. Ao contrário das antenas de microstrip, o plano de terra parcial ou semi-infinito irradia em ambas as direcções nas antenas monopolo de microstrip. Tem uma largura de banda de impedância alargada.

As antenas multibanda incorporam vários padrões de frequência num único dispositivo e evitam dispositivos separados para frequências individuais, minimizando assim o espaço de ocupação. Manouare *et al.* (2016) conceberam uma antena monopolar tri-banda que opera nas frequências de 2,1, 3,5 e 5,5 GHz. Aqui, a antena monopolar em forma de F invertido com uma ranhura em L invertido foi concebida para funcionar em três bandas, nomeadamente 2,4, 3,5 e 5,5 GHz, o que satisfaz as normas WLAN e Wi-Max. A geometria da antena proposta é apresentada na Figura 4.2.

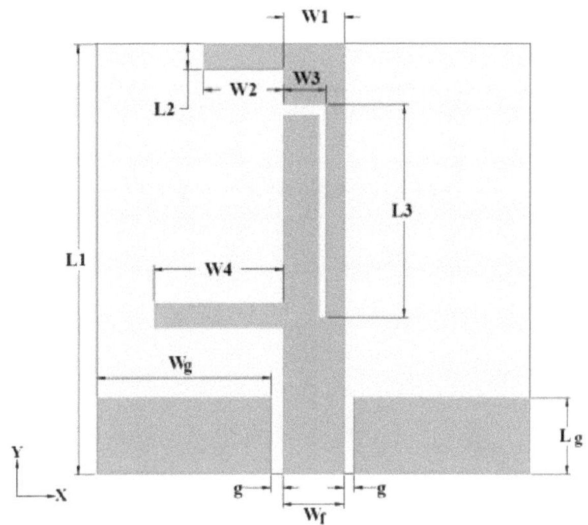

Figura 4.2 A antena monopolar tri-banda proposta com dimensões optimizadas L1=24 mm, L2=1,5 mm, L3=12,7 mm, L_g =4,5 mm, W1=4 mm, W2=4 mm, W3=2,9 mm, W4=6,5 mm e W_g =9,5 mm

A evolução da antena proposta é mostrada na Figura 4.3. Inicialmente, um toco vertical de 26 mm de comprimento e 1,2 mm de espessura produz uma única ressonância a 2,4 GHz e, reduzindo o seu tamanho e acrescentando um toco horizontal de 4 mm de comprimento e 1,5 mm de largura e uma ranhura em forma de L, obtém-se uma ressonância dupla a 2,4 GHz e 3,5 GHz. Em seguida, adicionando mais um stub horizontal de comprimento 6,5 mm e largura 1,7 mm, obtém-se uma ressonância tri-banda a 2,4, 3,5 e 5,5 GHz. A Figura 4.4 representa as respostas em frequência da antena proposta em vários estágios.

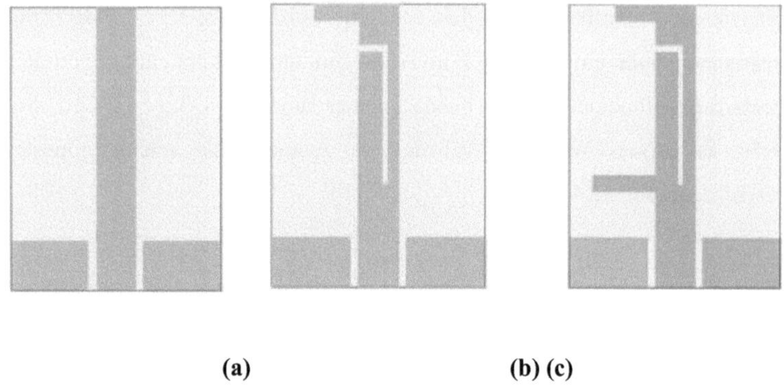

Figura 4.3 Evolução da antena proposta

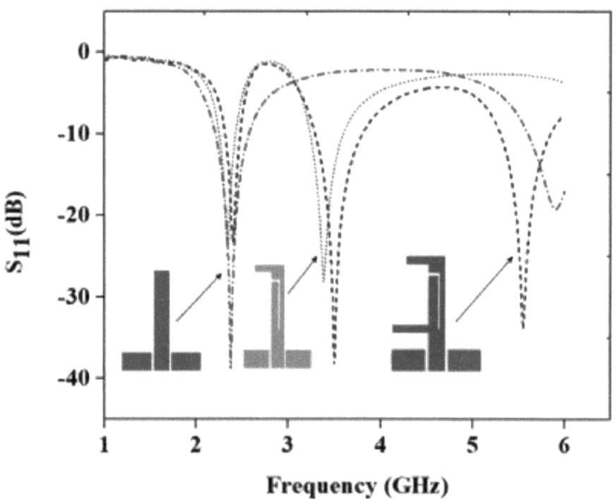

Figura 4.4 Coeficiente de reflexão em diferentes fases de evolução

Para dar uma ideia do funcionamento da antena proposta, o gráfico da distribuição da corrente de superfície nas frequências de ressonância da antena, ou seja, 2,4, 3,5 e 5,5 GHz, é ilustrado na Figura 4.5.

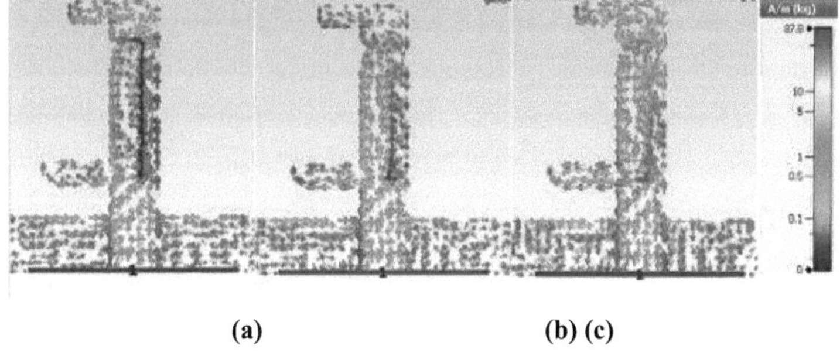

(a) (b) (c)

Figura 4.5 Distribuição da corrente de superfície (a) A 2,4 GHz (b) A 3,5 GHz (c) A 5,5 GHz

A antena é fabricada num substrato FR-4 de 1,6 mm de espessura com tangente de perda de 0,025 e constante dieléctrica de 4,3. A alimentação do guia de ondas coplanar acoplado (CPW) tem uma largura (W_f) = 4 mm e uma distância entre fendas (g) = 0,5 mm para uma impedância caraterística de 50 mm. As dimensões optimizadas da antena monopolar tri-banda proposta são L1=24 mm, L2=1,5 mm, L3=12,7 mm, L_g =4,5 mm, W1=4 mm, W2=4 mm, W3=2,9 mm, W4=6,5 mm e W_g =9,5 mm. A Figura 4.2 mostra a antena proposta com dimensões optimizadas.

A alimentação da guia de onda coplanar é constituída por um substrato dielétrico e três bandas de condução, todas do mesmo lado. A parte metálica central transmite o sinal e as outras duas actuam como plano de terra. A energia electromagnética está concentrada no dielétrico da guia de onda coplanar. Uma parte da energia electromagnética é transmitida para o ar e é controlada pelo facto de a altura do substrato (h) ser o dobro da largura (s). A guia de onda coplanar suporta o modo quasi-TEM em frequências mais baixas, enquanto suporta o modo TE em altas frequências sob a condição dada abaixo (Sheng Peng & Hongxing Zheng 2015):

$$d < \frac{\lambda_0}{40\varepsilon r^{1/2}} \tag{4.8}$$

em que, $d = 2w_f + g$.

O circuito equivalente da antena proposta é ilustrado na Figura 4.6. A partir do circuito equivalente, observa-se que a frequência de ressonância a 2,4 GHz se deve à combinação de L_1 e C_1 (indutância e capacitância). A combinação de L_2 e C_2 e L_3 , e C_3 ressoa a 3,5 e 5,5 GHz, respetivamente.

A primeira e a terceira frequências ressonantes f_1 e f_3 são devidas aos stubs abertos. A indutância e a capacitância associadas aos stubs abertos são dadas nas Equações (4.9) e (4.10).

$$L = \frac{z_{0\pi}}{4\omega_0} \tag{4.9}$$

$$C = \frac{4}{z_{0\pi}\omega_0} \tag{4.10}$$

Aqui, z_0 é a impedância caraterística, e ω_0 é a frequência angular de ressonância. Os valores calculados da indutância e da capacitância para as frequências de ressonância são L_1 =2,2 nH, C_1 = 1,96 pF e L_3 =1,6 nH, C_3 =0,526 pF (Mandar Joshi *et al.* 2020).

A ranhura feita no stub produz a frequência ressonante f_2 . A fórmula abaixo calcula a indutância e a capacitância que são L_2 = 19 nF e C_2 = 0,123 pF,

$$L_s = \frac{h\mu_{0\pi}l_s}{8w_s} \tag{4.11}$$

$$C_s = \frac{\varepsilon_0\varepsilon_r l_s w_s}{h} \tag{4.12}$$

e h é a espessura dieléctrica em mm,μ_0 = 4π x10 ,$^{-7}\varepsilon_0$ = 8,854 x 10- ,$^{12}\varepsilon_r$ é a constante dieléctrica do substrato, l_s (comprimento da ranhura) =14 mm e w_s (largura da ranhura) = 0,4 mm.

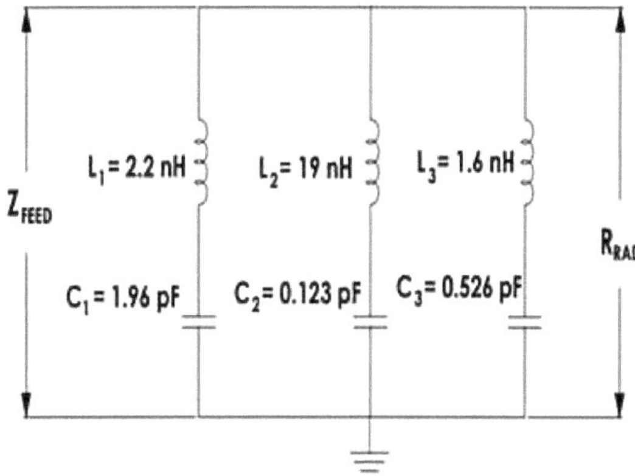

Figura 4.6 Circuito equivalente da antena proposta

4.5 antena monopolo monobanda 2x2 tri-banda mimo

A antena MIMO monopolar 2x2 é apresentada na Figura 4.7. Tem duas antenas monopolo tri-banda radiantes. Para descrever o desempenho da antena MIMO, é necessário ter em conta alguns parâmetros. O acoplamento mútuo é um dos factores importantes a ter em conta, uma vez que diminui a eficiência da antena. Quando a distância entre as antenas no emissor ou no recetor diminui, o tamanho total do sistema de antena é reduzido, mas, ao mesmo tempo, aumenta o acoplamento mútuo ou o acoplamento de energia entre as antenas. O acoplamento mútuo é causado por factores como a radiação direta entre os elementos da antena, a corrente induzida no plano de terra comum dos elementos da antena, a propagação de ondas de superfície e devido a um forte acoplamento indutivo e capacitivo. O parâmetro S_{21} indica o acoplamento mútuo entre as antenas. Os parâmetros S para várias distâncias de separação estão indicados na figura 4.8 (a). Para o mesmo valor de S_{11} , a antena MIMO 2x2 apresenta valores diferentes de S_{21} com base no espaçamento "S" entre as antenas. Isto representa que o acoplamento mútuo (S_{21}) aumenta quando a distância entre os bordos (S) das antenas diminui. O ganho máximo nas frequências de ressonância para várias distâncias está representado na figura 4.8 (b).

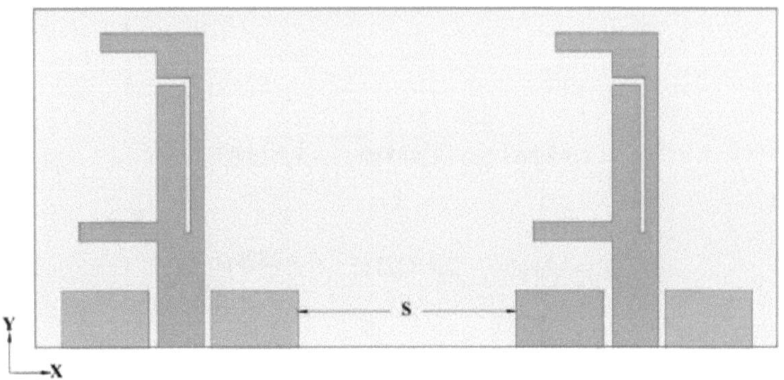

Figura 4.7 Antena MIMO monopolo 2x2

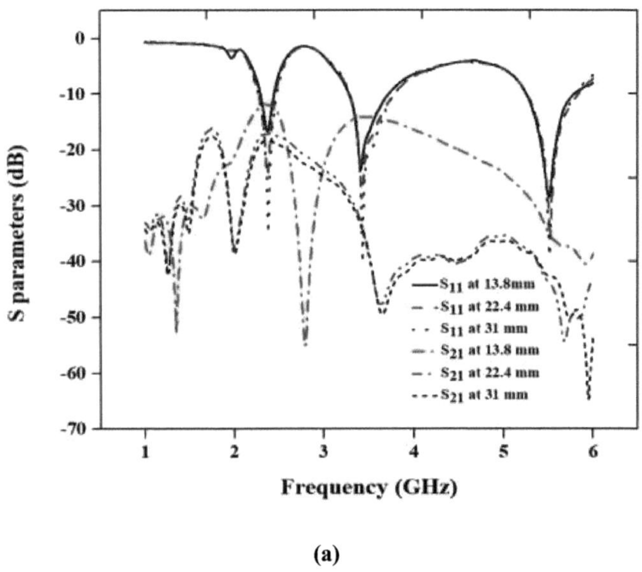

(a)

Figura 4.8 (continuação)

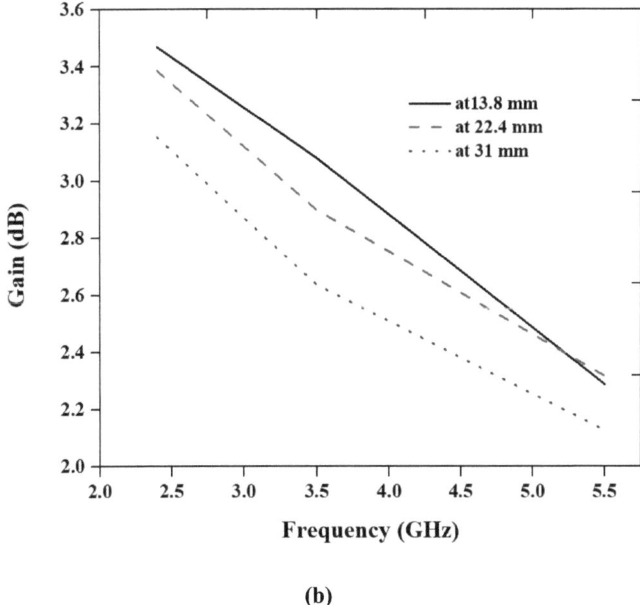

(b)

Figura 4.8 (a) Parâmetros S a várias distâncias "S" (b) Ganho a várias distâncias "S

O padrão de radiação da antena MIMO 2x2 tri-banda para vários espaçamentos 'S' entre bordas é mostrado na Figura 4.9. Observa-se que o padrão dos planos E e H é semelhante para vários espaçamentos de bordo a bordo na frequência de ressonância.

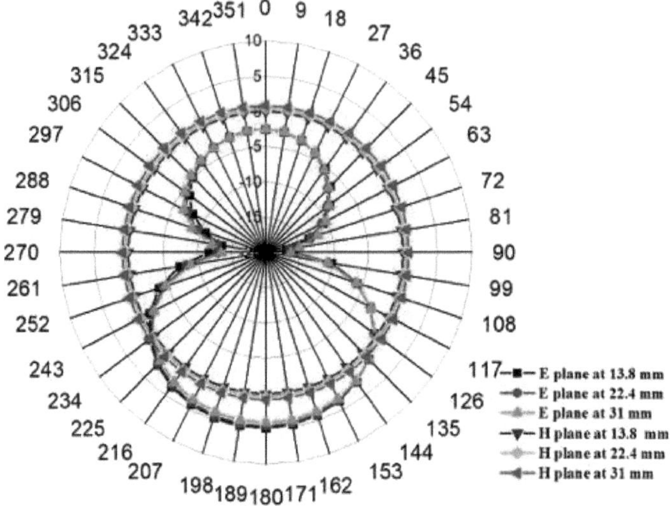
E plane at 13.8 mm
E plane at 22.4 mm
E plane at 31 mm
H plane at 13.8 mm
H plane at 22.4 mm
H plane at 31 mm

(a)

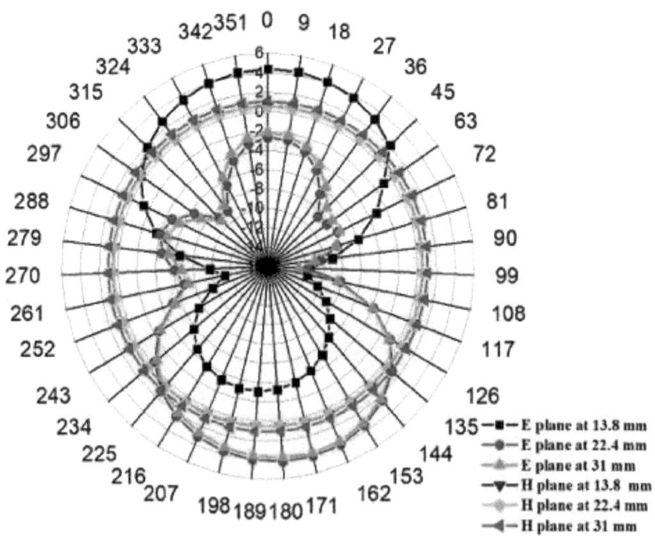
E plane at 13.8 mm
E plane at 22.4 mm
E plane at 31 mm
H plane at 13.8 mm
H plane at 22.4 mm
H plane at 31 mm

(b)

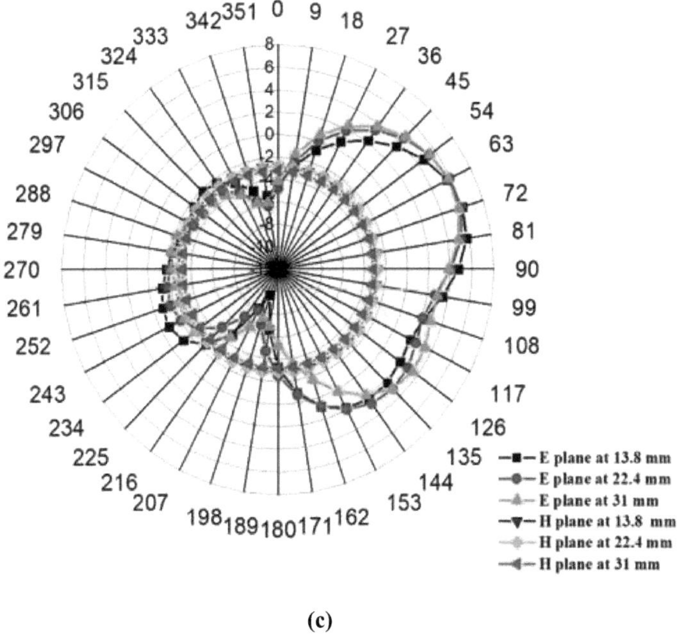

(c)

Figura 4.9 Padrão de radiação para vários espaçamentos entre bordas (a) 2,4 GHz (b) 3,5 GHz (c) 5,5 GHz

As estruturas de desacoplamento que ajudam a reduzir o acoplamento mútuo entre as antenas são analisadas na secção seguinte.

4.6 VISÃO GERAL DAS ESTRUTURAS DE DISSOCIAÇÃO

Nesta secção, foram analisadas várias estruturas de desacoplamento para reduzir o acoplamento mútuo.

4.6.1 Estruturas electromagnéticas de banda larga (EBG)

As estruturas electromagnéticas de banda larga são estruturas em que são dispostas placas metálicas periódicas com um intervalo uniforme num substrato dielétrico, de modo a criar uma banda de paragem para bloquear ondas electromagnéticas de determinadas bandas de frequência. Cada placa metálica e o fosso que lhe está associado formam circuitos indutivos e capacitivos.

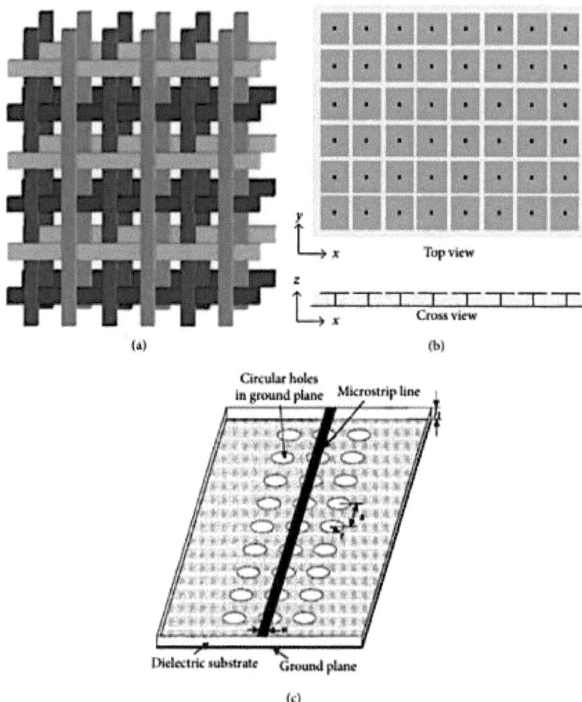

(Fonte: Md. Shahudul Alam *et al.* 2013)

Figura 4.10 EBG a) EBG 3-D, uma estrutura dieléctrica em forma de pilha de madeira b) EBG 2-D, um EBG em forma de cogumelo c) EBG 1-D, uma linha de microfita com orifícios periódicos no plano de terra

O desempenho das estruturas EBG pode ser melhorado através da adição de um maior número de placas metálicas. No entanto, isso aumenta o espaço de ocupação. A EBG tem aplicação na conceção de filtros, grelhas, superfícies selectivas de frequência, etc. Suprime a onda de superfície reflectida pelo plano de terra em antenas. As estruturas EBG unidimensionais, bidimensionais e tridimensionais são apresentadas na Figura 4.10.

As estruturas EBG tipo cogumelo são as estruturas EBG mais comuns. Consistem numa folha de metal plana que é coberta por um conjunto de saliências metálicas num substrato dielétrico por vias metálicas. A estrutura global forma um circuito LC. O condensador C resulta do efeito de lacuna entre as placas e o indutor L devido à corrente que flui ao longo das placas adjacentes. Para a banda de frequência projectada, a estrutura suprime as ondas de superfície. A estrutura EBG de pilha de madeira 3-D tem uma estrutura de pilha de madeira que possui simetrias tetragonais centradas na face e tem um intervalo de banda completo tridimensional. Numa estrutura EBG unidimensional, uma linha de microfita tem orifícios periódicos no plano de terra. Lin Peng *et al.* (2012) propuseram uma estrutura EBG multi-bandgap através da introdução de estruturas assimétricas. Estes EBGs são demasiado grandes para aplicações com extrema redução de tamanho.

4.6.2 Estruturas de solo com defeito (DGS)

As estruturas de terra com defeito utilizam defeitos no plano de terra para impedir a propagação de ondas de superfície. Possuem caraterísticas de banda de paragem cujas frequências são determinadas pelo valor da indutância e da capacitância da estrutura DGS. Quando o DGS é introduzido no plano de terra, altera a distribuição de corrente do plano de terra, levando à diminuição do acoplamento mútuo entre as antenas MIMO. Comparativamente, o DGS é fácil de conceber e fabricar. Ocupa menos espaço. Duk-Jae Woo *et al.* (2014) propuseram DGS em espiral empilhada para fornecer múltiplas frequências ressonantes. No DGS, a redução da radiação para trás e a melhoria do efeito de onda lenta são importantes para alcançar um melhor desempenho. A Figura 4.11 mostra várias geometrias de ranhuras gravadas no plano de terra.

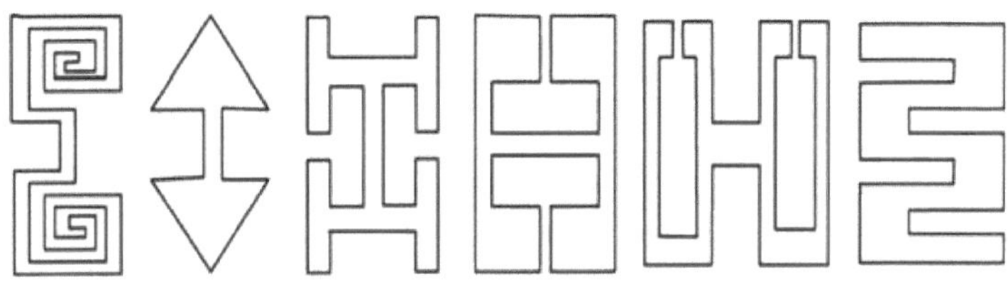

(a) (b) (c) (d) (e) (f)

(Fonte: Weng *et al.* 2008)

Figura 4.11 Vários DGSs (a) Cabeça em espiral (b) Ranhura em forma de seta (c) Ranhuras em forma de "H" (d) Um circuito aberto quadrado com uma ranhura na secção central (e) Haltere de circuito aberto e (f) DGS interdigital

4.6.3 Elementos parasitas

Ao adicionar elementos parasitas, é introduzido um caminho de acoplamento duplo, que pode criar um acoplamento inverso para reduzir o acoplamento de energia. Diferentes estruturas do tipo monopolo são introduzidas entre as antenas e são mostradas na Figura 4.12.

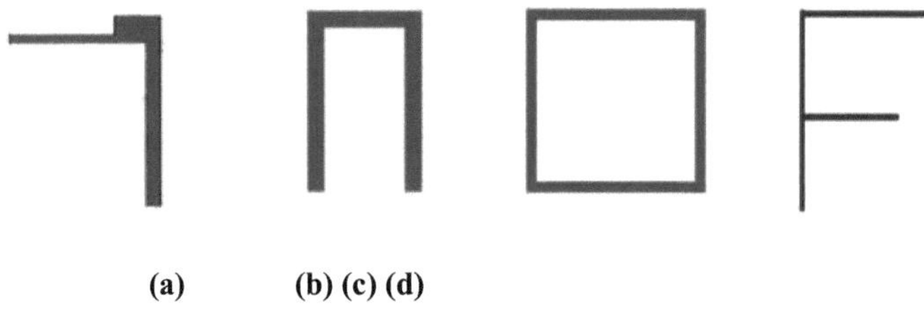

(a) (b) (c) (d)

Figura 4.12 (a) Monopólo parasita (b) Manchas parasitas em forma de U (c) Manchas parasitas em forma de quadrado e (d) Manchas parasitas em forma de F

Os elementos parasitas criam um caminho de acoplamento adicional extra para a corrente, de modo a anular a corrente através do acoplamento direto entre as antenas. Isso ajuda a melhorar o isolamento e diminui o acoplamento mútuo entre as antenas. Mas os elementos parasitas não podem ser utilizados para aplicações de rejeição de banda larga.

4.6.4 Linha de Neutralização

O acoplamento mútuo pode ser reduzido através da adição de uma linha de neutralização no plano de terra da antena MIMO. Esta linha desloca a fase das ondas de superfície de uma antena em 180 graus e envia-as para outra antena para cancelar o acoplamento de energia entre as antenas.

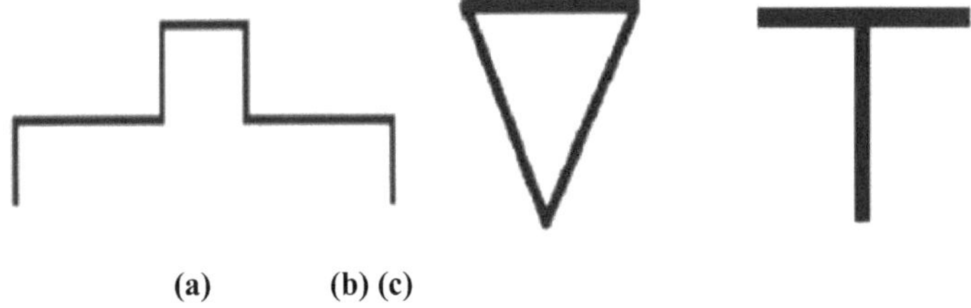

(a) (b) (c)

Figura 4.13 a) Linha de neutralização em forma de degrau b) Linha em forma de triângulo b) Linha em forma de T

A Figura 4.13 representa várias formas de linhas de neutralização que ajudam a reduzir o acoplamento mútuo e a melhorar o isolamento.

4.6.5 Estrutura metamaterial

As estruturas metamateriais são aquelas que possuem permissividade e permeabilidade negativas para reduzir as ondas de superfície existentes entre as antenas. Existem vários tipos de estruturas metamateriais, como os ressoadores de anel dividido, as linhas meândricas com ranhuras e as estruturas serpentinas modificadas. Para obter caraterísticas ressonantes multibanda, utiliza-se um ressonador de anel assimétrico constituído por linhas de transmissão de comprimento igual e impedância caraterística desigual. A figura 4.14 mostra as várias estruturas metamateriais.

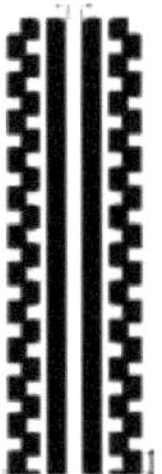

(a) (b) (c)

Figura 4.14 a) Tufo meândrico b) Estrutura em serpentina modificada c) Ressonador de laço assimétrico

Esta estrutura metamaterial é colocada entre as duas antenas para bloquear as ondas de superfície e melhorar o isolamento.

4.7 O RESSOADOR DE LAÇO ASSIMÉTRICO CARREGADO DE ESPIRAS PROPOSTO

Esta secção descreve o ressoador de laço assimétrico carregado de espiras (SLALR) proposto e a estrutura é apresentada na Figura 4.15. A estrutura é apresentada na Figura 4.15. Contém três espiras de diferentes comprimentos na parte superior do ressoador. A parte inferior do ressoador actua como um ressoador de laço simples. Consequentemente, as ondas de superfície que atingem esta estrutura assimétrica percorrem caminhos diferentes e atingem a outra extremidade com uma grande diferença de fase numa vasta gama de frequências e alargando a região do intervalo de banda. A adição de um maior número de pontas aumenta o comprimento do ressoador e atinge a ressonância a frequências mais baixas.

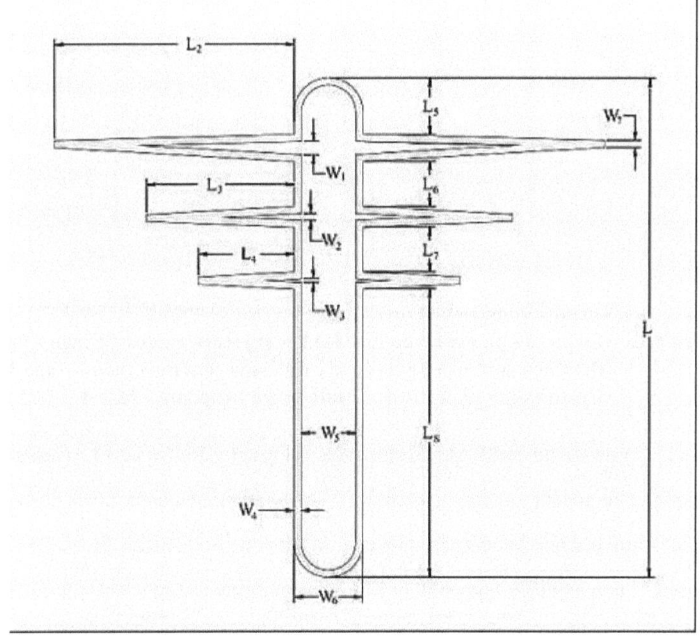

Figura 4.15 Ressonador de laço assimétrico carregado com espículas

As pontas são linhas de transmissão não uniformes ou cónicas. As três espiras de comprimentos diferentes são adicionadas ao ressoador de circuito central para aumentar a largura de banda do ressoador. Cada espira tem uma variação de largura longitudinal que é utilizada para controlar as caraterísticas do sinal eletromagnético. As espiras ou a linha cónica actuam como um transformador ideal para frequências acima das frequências de corte da linha de transmissão, com base na taxa de conicidade e na velocidade de fase no meio de transmissão, e igualam as resistências desiguais em frequências de banda larga (Z M Haghdouse *et al.* 2010). A localização e o comprimento das linhas cónicas foram escolhidos sem perturbar as caraterísticas de radiação e o desempenho de uma antena. As dimensões optimizadas do ressoador de banda larga proposto são: W_1 = 0,72 mm, W_2 =0,4 mm, W_3 =0,1 mm, W_4 =0,3 mm, W_5 = 1,4 mm, W_6 = 2 mm, W_7 =0,3 mm, L_1 =32 mm, L_2 =5 mm, L_3 =10 mm, L_4 = 15 mm, L_5 =2 mm, L_6 = 3,2 mm, L_7 = 3,6 mm, e L_8 = 20 mm.

Figura 4.16 Esquema da evolução do SLALR (a) Ressonador de laço - fase 1 (b) Laço com um pico - fase 2 (c) Laço com dois picos - fase 3 (d) Ressonador SLALR de banda larga proposto - fase 4

A evolução do SLALR é mostrada na Figura 4.16. Na fase 1, o ressoador contém um ressoador de laço simétrico. Este pode atuar como filtro de banda estreita. Aqui, permite todas as frequências da gama de frequências de 1 a 10 GHz. Na fase 2, é adicionada uma ponta de 5 mm de comprimento ao ressoador em anel.

Proporciona caraterísticas de paragem de banda em torno dos 8,5 GHz. Na fase 3, é adicionado outro pico de 10 mm de comprimento para aumentar ainda mais a largura de banda de funcionamento. A adição de um pico de 10 mm aumenta a largura de banda de 5,5 GHz para 10 GHz. A adição de um pico de 15 mm de comprimento na fase 4 é utilizada para obter uma ressonância de banda larga entre 2 e 10 GHz. O comprimento total do ressoador aumenta com a adição do número de espigões, o que, por sua vez, aumenta a largura de banda do SLALR para as frequências mais baixas e os espigões correspondem às diferentes linhas de transmissão. As caraterísticas de transmissão do SLALR em diferentes estágios são mostradas na Figura 4.17.

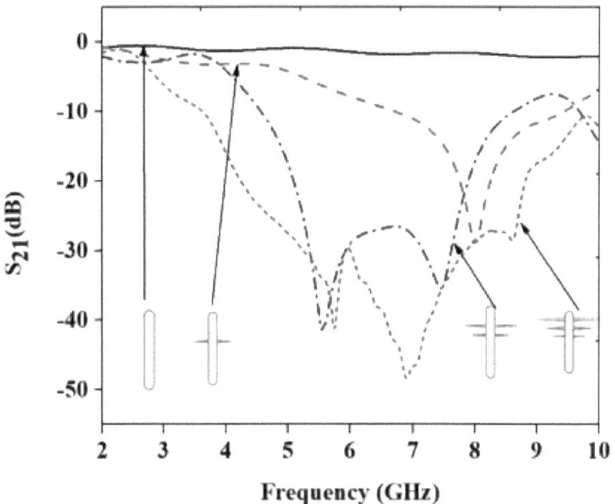

Figura 4.17 Caraterísticas de transmissão do SLALR

As caraterísticas de desempenho do ressoador de laço assimétrico carregado de espiras com bordos suaves também são derivadas. A estrutura do ressoador de bordos suaves é apresentada na Figura 4.18. As caraterísticas de transmissão simuladas da antena tri-banda proposta com ressoadores de arestas vivas e suaves são comparadas na Figura 4.19. É evidente que o ressoador de arestas vivas proporciona uma ressonância de banda larga, enquanto o ressoador de arestas moles proporciona uma resposta não uniforme. Por conseguinte, o ressoador de arestas vivas é preferível ao ressoador de arestas moles.

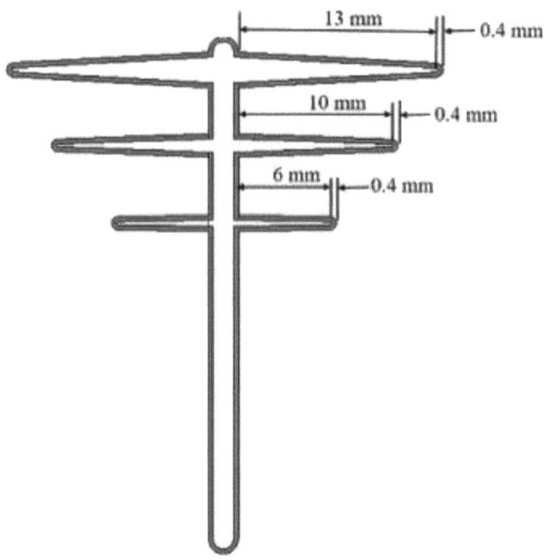

Figura 4.18 Ressonador de laço carregado com pontas suaves

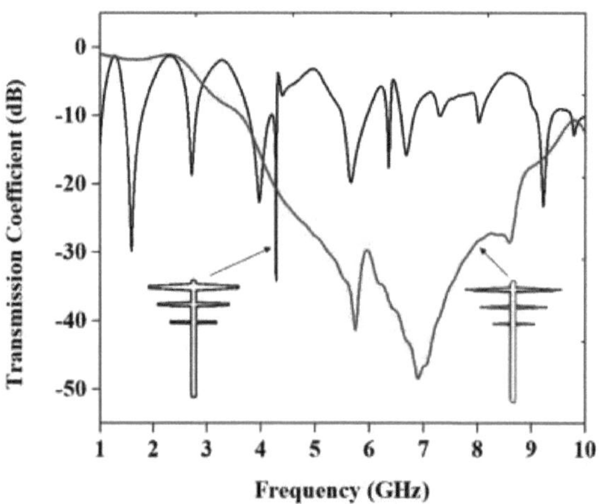

Figura 4.19 Comparação das caraterísticas de transmissão simuladas dos ressoadores de arestas vivas e macias

4.8 REDUÇÃO DO ACOPLAMENTO MÚTUO EM MIMO MONOPOLAR TRI-BANDA

Nesta secção, o ressoador de laço assimétrico carregado de espículas é colocado entre as antenas monopolo tri-banda para suprimir as ondas de superfície. O sistema é fabricado num substrato FR-4 de 1,6 mm de espessura com uma constante dieléctrica de 4,3 e uma tangente de perda de 0,025. A dimensão total do sistema é de 39W x 71,8L mm^2 . Uma vez que as antenas estão colocadas perto umas das outras, oferecem um acoplamento mútuo, que é de -10 dB, -14 dB e -34 dB a 2,4 GHz, 3,5 GHz e 5,5 GHz, respetivamente. A unidade de desacoplamento colocada entre as antenas reduz o acoplamento mútuo e melhora o ganho e a eficiência. Os picos de diferentes comprimentos proporcionam uma correspondência de impedância numa vasta gama de frequências. A estrutura global está representada na figura 4.20.

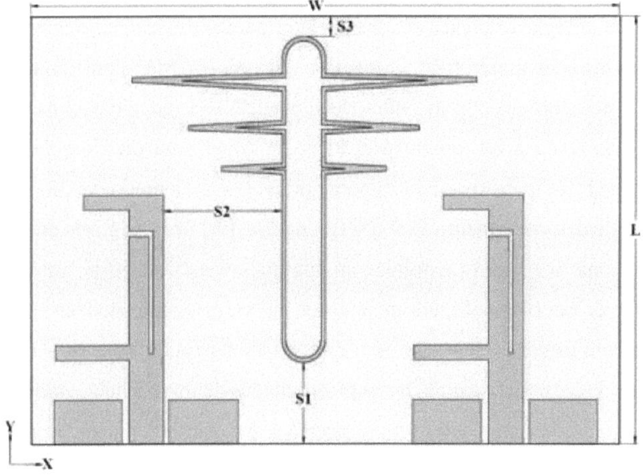

Figura 4.20 Estrutura da antena MIMO tri-banda com unidade **de desacoplamento**

A distribuição da corrente de superfície é apresentada na Figura 4.21. Diferentes partes do ressoador entram em ressonância a diferentes frequências.

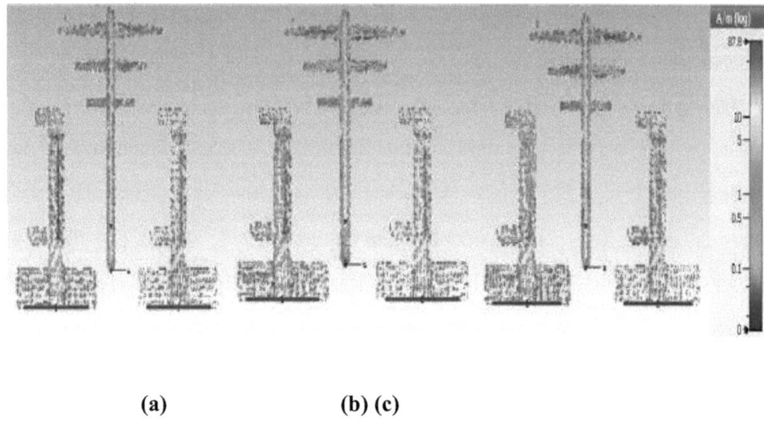

(a) (b) (c)

Figura 4.21 Distribuição da corrente de superfície. (a) A 2,4 GHz (b) A 3,5 GHz (c) A 5,5 GHz

A energia acoplada de uma antena para outra antena aumenta sem o ressonador de laço assimétrico carregado com picos. Mas com a inclusão da unidade de desacoplamento, as ondas de superfície são reduzidas, e os picos não uniformes no ressonador tornam a redução possível para uma ampla gama de frequências. O ganho do sistema de antena também é melhorado devido à inclusão da unidade de desacoplamento. A 5,5 GHz, não se nota uma melhoria considerável no ganho, uma vez que o acoplamento mútuo, mesmo antes da introdução da estrutura de desacoplamento, era menor. Assim, o ressonador de laço assimétrico carregado com espiras actua como um ressonador de banda larga para a gama de frequências de 2-10 GHz e mantém as propriedades de impedância e radiação para uma vasta gama de frequências. O parâmetro S simulado da antena proposta com e sem elemento de desacoplamento é apresentado na Figura 4.22 e a Tabela 4.1 compara os parâmetros da antena antes e depois da colocação do ressoador.

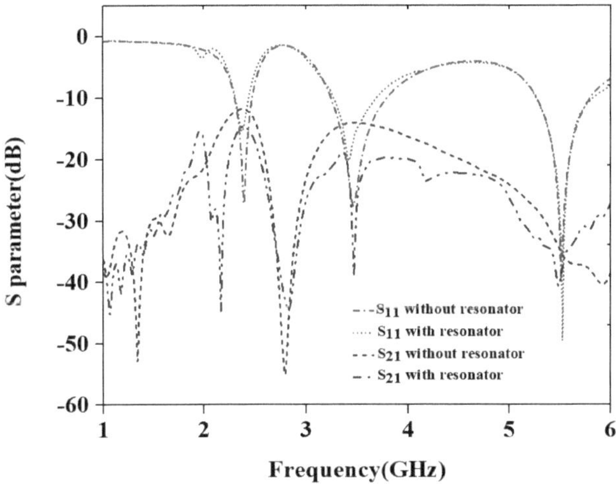

Figura 4.22 Caraterísticas simuladas da antena monopolar tri-banda com e sem ressonador de laço assimétrico carregado com espiras

Tabela 4.1 Comparação de desempenho

Comparação de desempenho	**Parâmetro da antena a 2,4 GHz/ 3,5GHz / 5,5GHz**	
	S_{21} (dB)	**Ganho (dB)**
Antes de colocar a unidade de desacoplamento	-10 /-14 /-34	2.5/2.12 /2.49
Depois de colocar a unidade de desacoplamento	-16/-38 /-44	3.46 /3.07 /2.28

O protótipo da antena tri-banda foi desenvolvido e as suas caraterísticas de desempenho foram testadas em laboratório. O analisador de micro-ondas Field Fox da Keysight (N9917A) foi utilizado para efetuar as medições num ambiente controlado.

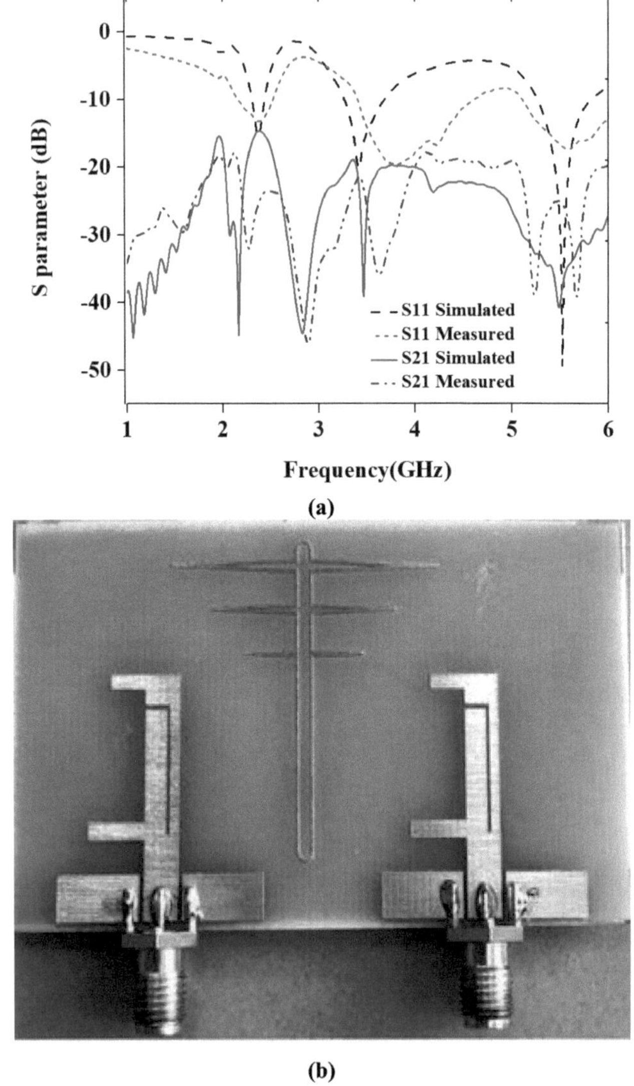

Figura 4.23 (a) Parâmetros S medidos e simulados de monopolos com elemento de desacoplamento (b) Fotografia do conjunto de antenas
tri-banda fabricado

As caraterísticas simuladas e medidas do parâmetro S são apresentadas na Figura 4.23. Em comparação com os resultados simulados, verifica-se uma ligeira variação no padrão de radiação e no parâmetro S medido, que é atribuída às perdas do cabo e às perdas dieléctricas. O aumento do isolamento medido observado é de 6 dB a 2,4 GHz, 10 dB a 3,5 GHz e 10 dB a 5,5 GHz. O SLALR proporciona excelentes caraterísticas de rejeição para as frequências de 2-10 GHz. O padrão de radiação simulado e medido dos planos E e H da antena monopolar a 2,4, 3,5 e 5,5 GHz é apresentado na Figura 4.24. O ganho medido e simulado da antena proposta é apresentado na Figura 4.25.

O padrão de radiação e o ganho da antena fabricada foram calculados utilizando a configuração da câmara anecóica colocada no laboratório. O padrão de radiação medido (plano E e plano H) da antena monopolar tri-banda foi calculado terminando a antena 2 por 50 Ω.

O ganho medido da antena monopolar foi calculado utilizando a fórmula de Friss abaixo representada:

$$G_r = \frac{P_r(4\pi R)^2 L}{P_t G_t \lambda^2} \tag{4.13}$$

P_r = Potência da antena do recetor

P_t = Potência da antena do transmissor

λ = Comprimento de onda

G_r = Ganho da antena do recetor

G_t = Ganho da antena do transmissor

R = Distância entre o emissor e o recetor

L= Perda do sistema

Na medição do ganho da antena proposta, o (P_r / P_t) foi calculado utilizando o parâmetro S_{21} . O ganho da antena de transmissão (G_t) obtido do fornecedor da antena é de 11,52 dB, 11,32 dB e 11,99 dB a 2,4, 3,5 e 5,5 GHz, respetivamente. A distância entre as antenas (R) foi fixada em 2 mm e as perdas do cabo em 5 dB. A Figura 4.24 (a) representa o ganho com uma e duas alimentações excitadas na antena proposta. A Figura 4.24 (b) representa o ganho simulado e o ganho medido, sendo a simulação efectuada com o software de simulação CST.

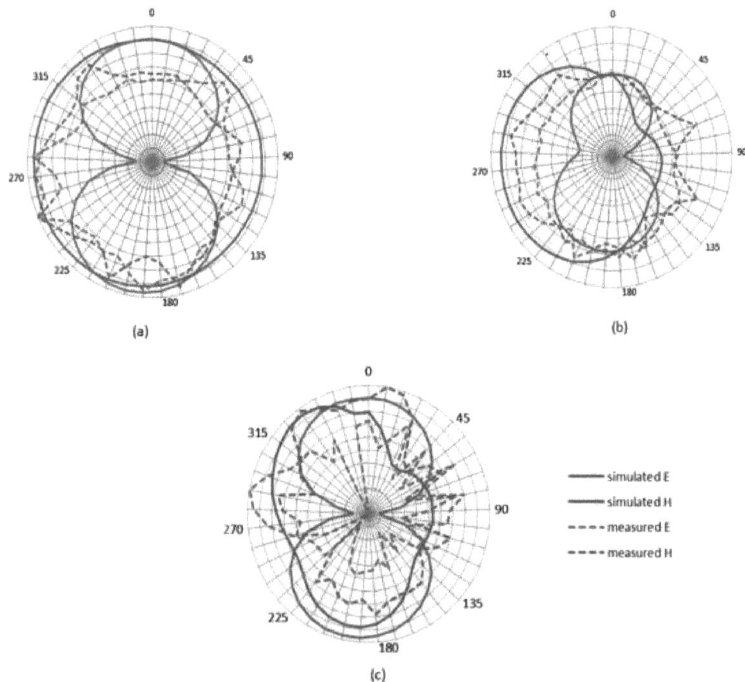

Figura 4.24 Padrão de radiação normalizado simulado e medido (linha pontilhada) (antena 2 terminada por 50 Ω) (a) 2,4 GHz (b) 3,4 GHz (c) 5,5 GHz

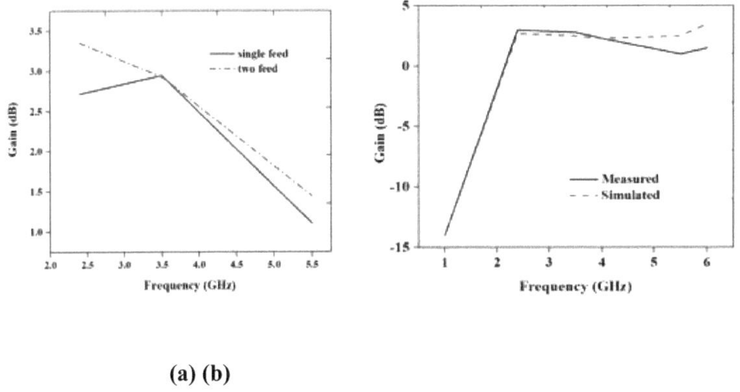

(a) (b)

Figura 4.25 Ganho (a) Ganho simulado com uma e duas alimentações (b) Ganho simulado e medido da antena proposta

A polarização da antena proposta é linear, observando-se o campo E no padrão de radiação. A polarização Co e Cruzada (plano E) da antena proposta está representada na Figura 4.26. Co-polarização significa quando a polarização da antena transmissora e recetora é a mesma e polarização cruzada é quando a polarização de ambas as antenas é diferente. Observa-se que a co-polarização é elevada quando comparada com a polarização cruzada.

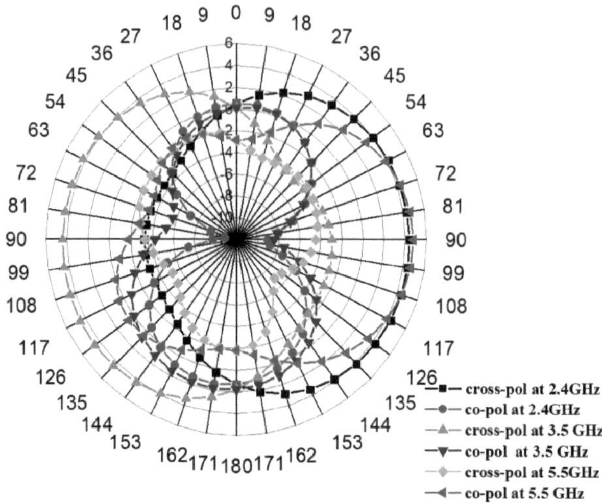

Figura 4.26 Polarização cruzada e co da antena proposta (plano E)

A Tabela 4.2 compara várias técnicas de redução do acoplamento mútuo disponíveis nas referências. A unidade de desacoplamento instalada entre as antenas monopolo propostas actua como um ressoador de banda larga e melhora o isolamento em 6, 24 e 10 dB a 2,4, 3,5 e 5,5 GHz, respetivamente.

Tabela 4.2 Comparação do desempenho da unidade de desacoplamento proposta com as referências

Ref.	**Técnicas**	**Frequência ressonante (GHz)**	**S_{21} (dB)**	**Espaçamento entre bordas (mm)**
Gulam Nabi Alsath *et al.* (2013)	SMLR	4.8	-23 a 4,8 GHz	$0.11\lambda_0$
Henridass Arun *et al.* (2015)	estrutura serpentina modificada	2.45	-45 a 2,45 GHz	$0.05\lambda_0$
Aswathy *et al.* (2015)	ressonador em forma de suástica	1.85	-70 a 1,85 GHz	$0.033\lambda_0$
Lakshmi Dhevi at al. (2018)	ressonador de laço assimétrico	3.4 e 4.2	-30 a 3,4 e 4,2 GHz	$0{,}057\lambda_0$ @3,4 GHz
Este trabalho	**ressonador de laço assimétrico carregado de espículas**	**2.4, 3.5 e 5.5**	**-16, -38 e -44 a 2,4, 3,5 e 5,5 GHz, respetivamente.**	**$0{,}11\lambda_0$ @2,4 GHz**

4.9 caraterísticas do desempenho em termos de diversidade da antena tripla banda 2x2 proposta

Esta secção deriva as fórmulas para o desempenho da diversidade da antena MIMO 2x2.

4.9.1 Coeficiente de correlação do envelope (ρ_e)

O coeficiente de correlação do envelope (ρ_e) para 2x2 MIMO pode ser calculado utilizando a seguinte fórmula (Manish Sharma 2020):

$$\rho_e = \frac{|s_{11}*s_{21}+s_{21}*s_{22}|^2}{(1-|s_{11}|^2-|s_{21}|^2)(1-|s_{22}|^2-|s_{12}|^2)} \quad (4.14)$$

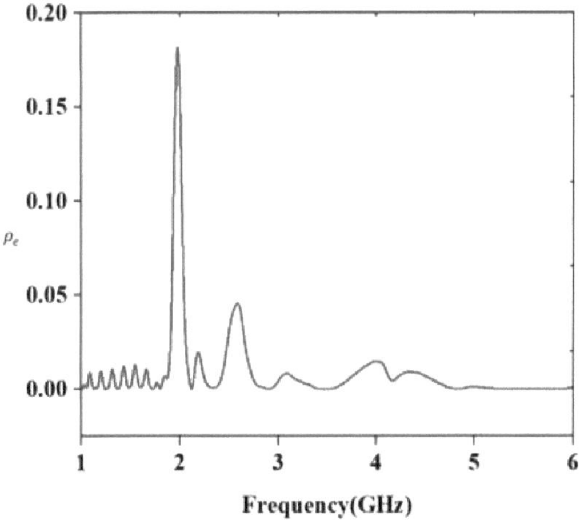

Figura 4.27 Coeficiente de correlação do envelope (quando duas alimentações são excitadas)

Na Figura 4.27, foi representado o coeficiente de correlação em termos de frequência. O valor observado é quase nulo.

4.9.2 Ganho de diretiva

O ganho direcional é representado pela Equação (4.15) (Asif Khan *et al.* 2020).

$$DG = 10\sqrt{1-\rho_e} \tag{4.15}$$

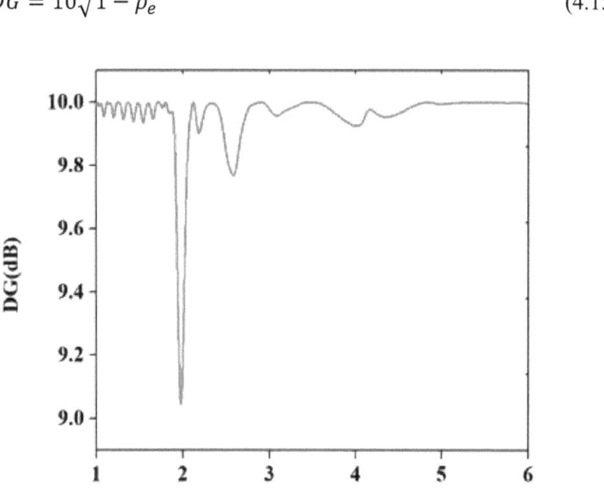

Figura 4.28 Ganho de diretiva (quando duas alimentações são excitadas)

O ganho de diretiva calculado é de 10 dB para todas as bandas concebidas da antena proposta.

4.9.3 Coeficiente de reflexão ativa total

É dada pela Equação (4.16).

$$TARC = \sqrt{\frac{|s_{11}\, s_{12}e^{j\theta}|^2 + |s_{21}s_{22}e^{j\theta}|^2}{2}} \tag{4.16}$$

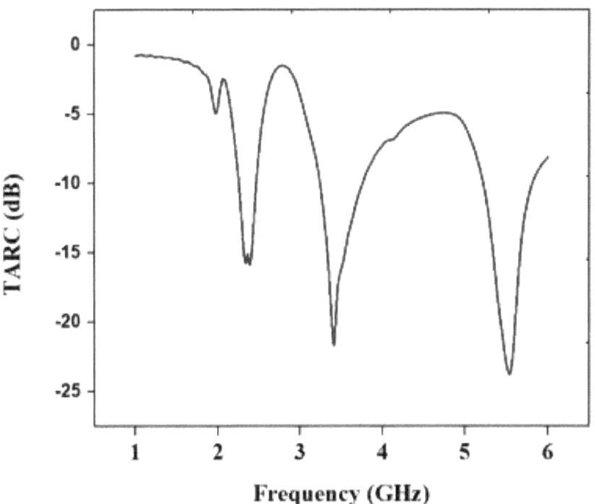

Figura 4.29 Coeficiente de reflexão ativo total

onde,θ são as fases aleatórias dos sinais de entrada da antena recetora MIMO que variam entre 0 e 2π . O valor TARC observado é inferior a -10 dB.

4.9.4 Perda de capacidade do canal (CCL)

O CCL para o sistema proposto é encontrado utilizando a Equação (4.17) (Mohammad Saadh *et al.* 2020).

$$C_{loss} = -log_2 \det(\Psi^R) \tag{4.17}$$

$$\Psi^R = \begin{bmatrix} \rho_{11} & \rho_{12} \\ \rho_{21} & \rho_{22} \end{bmatrix}$$

em que, Ψ^R é a matriz de correlação da antena recetora

$$\rho_{11} = 1 - (|s_{11}|^2 + |s_{12}|^2)$$

$$\rho_{22} = 1 - (|s_{22}|^2 + |s_{21}|^2)$$

$$\rho_{12} = -(s_{11} * s_{12} + s_{21} * s_{22})$$

$$\rho_{21} = -(s_{22} * s_{21} + s_{12} * s_{11})$$

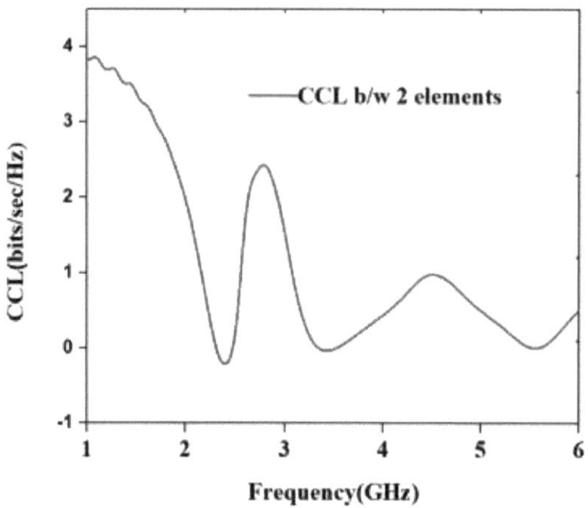

Figura 4.30 Perda de capacidade do canal

O valor calculado do CCL é apresentado na Figura 4.30. É evidente que o valor de CCL é <0,4 bits/S/Hz, e apresenta boas caraterísticas MIMO.

4.9.5 Ganho efetivo médio (MEG)

É calculado utilizando as equações (4.18) - (4.19). O MEG 1/ MEG 2 deve ser inferior a 3 dB para obter melhores caraterísticas MIMO. Na Figura 4.31, o MEG foi plotado.

$$MEG1 = 0.5[1 - |s_{11}|^2 - |s_{12}|^2] \quad (4.18)$$

$$MEG2 = 0.5[1 - |s_{12}|^2 - |s_{22}|^2] \quad (4.19)$$

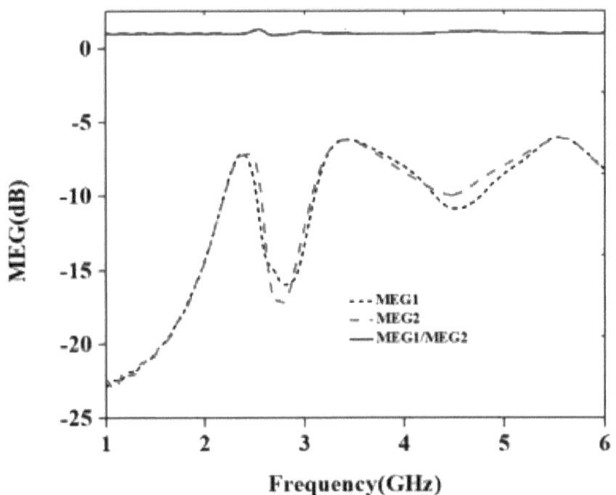

Figura 4.31 Ganho efetivo médio

4.10 CONCLUSÃO

Neste trabalho, foi implementada e analisada uma antena MIMO tri-banda com um ressonador de laço assimétrico carregado de pontas. Uma antena monopolar em forma de 'F' que ressoa a 2,4, 3,5 e 5,5 GHz foi escolhida como elemento MIMO. O ressoador de laço assimétrico carregado com pontas foi colocado entre as antenas monopolo para diminuir o acoplamento mútuo e melhorar o isolamento. O ressoador de laço assimétrico carregado de espículas actua como filtro de banda larga nas frequências de 2 a 10 GHz e ajuda a parar as ondas de superfície em todas as frequências do ressoador. A unidade de desacoplamento melhorou o isolamento em 6, 24 e 10 dB a 2,4, 3,5 e 5,5 GHz, respetivamente. As antenas MIMO e as antenas MIMO maciças são componentes essenciais para a aplicação 5G.

CAPÍTULO 5

CONCLUSÃO E TRABALHO FUTURO

5.1 CONCLUSÃO

Neste livro, foram concebidos e investigados vários componentes passivos miniaturizados de microfita multibanda que funcionam em frequências de micro-ondas. A fim de suprimir as frequências de sinal indesejadas e as respostas espúrias, foi concebido um filtro de banda tri-banda miniaturizado que funciona em três frequências, nomeadamente 1,8, 2,4 e 3 GHz, como primeira parte deste livro. Foi conseguida uma redução global de 65% nas dimensões, em comparação com o filtro de banda convencional que utiliza linhas e orifícios de passagem. O tamanho reduzido do filtro corta-banda proposto é de 2500x 3000 λ_g mm^2 . A vantagem adicional deste filtro é o facto de as frequências de ressonância terem sido controladas individualmente, ajustando o comprimento elétrico dos ressoadores e das espiras. Este filtro tem uma elevada seletividade e boas respostas de perda de retorno de 64, 63, 62 dB e perdas de inserção máximas de 0,009 dB a 1,8, 2,4 e 3 GHz, respetivamente. A largura de banda de 3 dB melhorada em torno das frequências de ressonância concebidas é de 20, 12 e 22 %, respetivamente, a 1,8, 2,4 e 3 GHz. Os resultados simulados e medidos do filtro fabricado estão em boa concordância. Foram observados alguns desvios, que se devem a perdas dieléctricas e de condutores.

Neste livro, foi projetado um filtro passa-banda de microfita tri-banda miniaturizado e foram analisadas as suas caraterísticas de desempenho. O filtro passa-banda de microfita tri-banda miniaturizado proposto funciona na frequência WiMAX de 3,5 GHz e nas frequências WLAN de 2,4 GHz e 5,2 GHz. Uma vez que o filtro concebido funciona em três frequências diferentes, é muito útil em aplicações com limitações de espaço. As frequências de ressonância neste filtro foram obtidas utilizando três caminhos individuais com um ressoador de impedância escalonada de três secções e, para reduzir ainda mais o tamanho do filtro, foram também utilizados ressoadores de impedância escalonada meândrica. A dimensão óptima do filtro passa-banda trifaixa de microfita proposto é de 0,013 x 0,012 λ_g mm^2 , em que λ_g é o comprimento de onda guiado na frequência central da primeira banda passante de 2,4 GHz. A vantagem de utilizar a SIR é que as frequências espúrias são deslocadas para longe das frequências de funcionamento, selecionando adequadamente as relações de impedância em cada caminho. As larguras de banda fraccionadas são de 32,5, 6,28 e 2,8 %, respetivamente, a 2,4, 3,5 e 5,2 GHz. A perda de retorno nas três bandas passantes é superior a 10 dB. A perda de inserção é de 0,5, 2 e 3 dB.

Para satisfazer os requisitos futuros, foi concebida e fabricada uma antena MIMO 2x2 de tamanho compacto com um ressoador de laço assimétrico carregado de espículas. Foi escolhida como elemento MIMO uma antena monopolar em forma de "F" invertido que funciona a frequências de banda tripla de 2,4, 3,5 e 5,2 GHz. A fim de reduzir o acoplamento mútuo e obter um tamanho compacto, o ressoador de laço assimétrico carregado com pontas é colocado entre os elementos da antena em 2x2 MIMO. O ressoador de laço assimétrico carregado de espículas actua como filtro de banda larga nas frequências de 2-10 GHz e suprime as ondas de superfície que provocam o acoplamento mútuo em todas as frequências de ressonância. O espaçamento entre as antenas foi reduzido para 0,11 λ_0 onde λ_0 é o comprimento de onda da frequência mais baixa. A unidade de desacoplamento melhorou o isolamento em 6, 24 e 10 dB a 2,4, 3,5 e 5,5, respetivamente. A antena MIMO com unidade de desacoplamento é uma escolha eficaz para aplicações de comunicação modernas.

5.2 TRABALHOS FUTUROS

O projeto, a implementação e a análise de um filtro multi-faixa miniaturizado de paragem de banda, de um filtro passa-banda e de um MIMO foram realizados neste estudo. O trabalho de investigação apresentado pode ser alargado para atingir os seguintes objectivos no futuro.

1. Podem ser concebidos circuladores de microfita miniaturizados para frequências de micro-ondas
2. Os divisores de potência de microfita miniaturizados podem ser projectados e analisados para aplicações multibanda.

REFERÊNCIAS

1. Arun Kumar & Manisha Gupta, "A review on activities of fifth generation mobile communication system", Alexandria Engineering Journal, vol. 57, no. 2, pp. 1125-1135.

2. Ashwani Kumar, K, Verma & Qingfeng Zhang 2016, 'Compact Triple-Band Bandstop Filters Using Embedded Capacitors', Progress In Electromagnetics Research Letters, vol. 63, pp.15-21.

3. Asif Khan, Suiyan Geng, Xiongwen Zhao, Zahoor Shah, Mishkat Ullah Jan & Mohamed Abdelkarim Abdelbaky 2020, "Design of MIMO Antenna with an Enhanced Isolation Technique", Electronics, vol. 9, no. 8, p. 1912.

4. Aswathy K Sarma, Henridass Arun, Malathi Kanagasabai, Sangeetha Velan, Chinnambeti Raviteja & Gulam Nabi Alsath, M 2015, 'Polaraisation Diverse Multiple Input-Multiple Output Antenna with Enhanced Isolation', IET Microwaves, Antennas and Propagation, vol. 9, no. 12, pp.1267-1273.

5. Athukorala, L & Budimir, D 2010, 'Design of Open-Loop Dual-Mode Microstrip Filters', Progress In Electromagnetics Research Letters, vol. 19, pp. 179-185.

6. Azhar Hasan, Abdul Hannan & Ahmed Ejaz Nadeem 2016, 'Improved microstrip hairpinline bandpass filter using via ground holes and capacitive gap', Analog Integrated Circuit and Signal Processing, vol. 86, pp. 267-274.

7. Basit, A, Irfan Khattak, M, Razik Sebak, A, Qazi, B & Teleba, AA 2020, 'Design of a compact microstrip triple independently controlled pass bands filter for GSM, GPS and WiFi applications', IEEE Access, vol. 8, pp. 77156-77163.

8. Bates, RN 1977, 'Design of Microstrip Spur-line Bandstop filters', Microwaves, Optics and Acoustics, vol. 1, no. 6, pp. 209-214.

9. Bates, RN 1977, "Design of Microstrip Spurline Bandstop Filters", IEEE Transaction Microwave, Optics Acoustics, vol. 1, no. 6, pp. 209-214.

10. Boutejdar, A, Abdel-Rahman, A, Batmanov, A, Burte, P & Omar, A 2010, 'Miniaturized bandstop filter based on multilayer-technique and new coupled octagonal defected ground structure with interdigital capacitor', Microwave and Optical Technology Letters, vol. 52, no. 3, pp. 510-514.

11. Chen, CY & Hsu, CY 2006, 'A Simple and Effective Method for Microstrip Dual-Band Filters Design', IEEE Microwave and Wireless Components Letters, vol. 16, pp. 246-248.

12. Chen, FC, Qiu, JM & Chu, QX 2013, 'Design of compact tri-band bandpass filter using centrally loaded resonators', Microwave Optical Technology Letters, vol. 55, no. 11, pp. 2695-2699.

13. Cheng, D, Yin, HC & Zheng, HX 2012, 'A compact dual band bandtop filter with defected microstrip slot', Journal of Electromagnetic Waves and Application, vol. 26, no. 10, pp.1374- 1380.

14. Chin, KS, Yeh, JH & Chao, SH 2007, 'Compact dual band bandstop filters using stepped impedance resonators', IEEE Microwave Wireless Components Letter, vol. 17, no. 12, pp.849-851.

15. Cohn, SB 1958, "Parallel -Coupled Transmission-Line-Resonator Filters", IEEE Transactions on Microwave Theory and Techniques, vol. 6, pp. 223-231.

16. Doan, MT, Che, WQ & Feng, WJ 2012. 'Tri-band bandpass filter using square ring short stub loaded resonators', Electronics Letters, vol. 48, no. 2, pp. 106-107.

17. Duk-Jae Woo,Taek- Kyung Lee & Jae- wook Lee 2014, 'A Equivalent Circuit Model for a Microstrip line with an Asymmetric Spiral - shaped Defected Ground Structure', Microwave and Optical Technology Letters, vol 56, no. 5, pp.1222-1224.

18. Fei Song, Bin Wei, Lei Zhu, Yuning Feng, Ruixia Wang & Bisong Cao 2016, 'A Novel Tri-band Super Conducting Filter using Embedded Stub-loaded Resonators', IEEE Transactions on Applied Super Conductivity, vol. 26, no. 8, pp. 1-9.

19. Fei Song, Bin Wei, Memb Lei Zhu, Yuning Feng, Ruixia Wang & Bisong Cao 2016, 'A Novel Tri-Band Superconducting Filter Using Embedded Stub-Loaded Resonators', IEEE Transactions on Applied Superconductivity, vol. 26, no. 8, pp.1-9.

20. Feun Wei, Pei-Yuan Qin, Jay Guo, Y, Chen Ding & Xiao Wei Shi 2016, ' Compact Balanced Dual and Tri-band bandpass filters based on Coupled Complementary Split-Ring Resonators (C-CSRR)', IEEE Microwave and Wireless Components Letters, vol. 26, no. 2, pp.107-109.

21. Francois Burdin, Florence Podevin & Philipce Ferrari 2015, 'Flexible and Miniaturized Power Divider', International Journal of Microwave and Wireless Technologies, vol. 8, no. 3, pp. 547-557.

22. Gulam Nabi Alsath, M, Malathi Kanagasabai & Bhuvaneshwari Balasubramanian 2013, 'Implementation of Slotted Meander-Line Resonators for Isolation Enhancement in Microstrip Patch Antenna Arrays',

IEEE Antennas and Wireless Propagation Letters, vol. 12, pp. 15-18.

23. Gupta, KC, Ramesh Garg, Inder Bahl & Pakash Bhartia 1996, "Microstrip lines and slotlines", segunda edição, Artech house, Boston, Londres.

24. Gyan Raj Koirala & Nam-Young Kim 2016, 'Multi-band Bandstop Filter using an I-stub loaded Meandered Defected Microstrip Structure', Radio Engineering, vol. 25, no. 1. pp. 61-66.

25. Haghdouse, MZ, Mehrany, K & Fardmanesh, M 2010, 'Geometrical Control of Transverse Electromagnetic Wave Propagation in Nonuniform Microwave Superconducting Transmission Lines', Journal of Physics: Conference Series, vol. 234, p. 042011.

26. Haiwen Liu, Baoping Ren, Xin Zhan, Xuehui Guan, Pin Wen, Shuangshuang Zhu, Yang Peng & Zhewang Ma 2016, 'Triband High-Temperature Superconducting Bandpass Filters Using Multimode Resonators', IEEE Transactions on Applied Superconductivity, vol. 26, no. 5, pp.1-6.

27. Haiwen Liu, Jiuhuai Lei, Yulong Zhao, Wenyuan Xu, Yichao Fan & Tiantian Wu 2013, 'Tri-band Microstrip Bandpass Filter Using Dual-Mode Stepped-Impedance Resonator', ETRI Journal, vol. 35, no. 2, pp. 344-347.

28. Hai-Wen Liu, Yan Wang, Xiao-Mei Wang, Jiu-Huai Lei, Wen-Yuan Xu, Yu-Long Zhao, Bao-Ping Ren & Xue-Hui Guan 2013, 'Compact and High Selectivity Tri-Band Bandpass Filter Using Multimode Stepped-Impedance Resonator', IEEE Microwave and Wireless Components Letters, vol. 23, no. 10, pp.536-538.

29. Hasan, A & Nadeem, AE 2008, 'Novel Microstrip Hairpin Narrowband Bandpass Filter using via ground hole', Progress In Electromagnetics Research, PIER vol. 78, pp. 393-419.

30. Henridass Arun, Aswathy K. Sarma, Malathi Kanagasabai, Sangeetha Velan, Chinnambeti Raviteja & Gulam Nabi Alsath, M 2014, 'Deployment of Modified Serpentine Structure for Mutual Coupling Reduction in MIMO Antennas', IEEE Antennas and Wireless Propagation Letters, vol. 13, pp.277-280.

31. Hong, TS & Lancaster, MJ 1995, 'A Novel Microwave Periodic Structure-the Ladder Microstrip line', Microwave and Optical Technology Letters, vol. 9, pp. 207-210.

32. Howard W Johnson & Martin Graham 2009, 'High-speed Digital Design', Prentice Hall PTR, Englewood Cliffs, New Jersey 07632.

33. Hsu, CI, Lee, CH & Hsieh, YH 2008, 'Tri-band bandpass filter with sharp passband skirts designed using tri-section SIRs', Microwave Wireless Component Letters, vol.18, no.1, pp. 19-21.

34. Jangirkhan Dzhumamuhambetov, Abykanova Bahikgul & Adnan Gorur 2019, 'A Novel Dual-Band on Stepped Impedance Hairpin Resonator', Progress In Electromagnetics Research Letters, vol.84, pp.139-146.

35. Jian-kang Xiao & Yu-Feng Zhu 2014, 'Multi-band Bandstop Filter using Inner Defected Microstrip Structure (DMS)', International Journal of Electronics and Communications, vol. 68, pp. 90- 96.

36. Jia-Sheng Hong & Lancaster, MJ 2001, 'Microstrip filters for RF/Microwave Applications', uma publicação da Wiley Interscience, Nova Iorque.

37. Kaida Xu, Yonghong Zhang, Daotong Li, Yong Fan, Joshua Le-Wei, William T Joines & Qing Huo Liu 2013, 'Novel Design of a Compact Triple-Band Bandpass Filter using Short Stub-Loaded SIRs and Embedded SIRs Structure', Progress In Electromagnetics Research, vol. 142, pp. 309-320.

38. Kishor Kumar, Adhikariand & Nam-Young Kim 2014, 'Microstrip Triband Bandstop Filter with Sharp Stop Band Skirts and Independently Controllable Second Stop Band Response', The Scientific World Journal, Artigo ID 760838, p. 9.

39. Kumar, N & Singh, YK 2014, 'Compact tri-band bandpass filter using three stub-loaded open-loop resonators with wide stopband and improved bandwidth response', Electronics Letters, vol. 50, no. 25, pp. 1950-1952.

40. Lakshmi Dhevi, B, Kuttathati Srinivasan Vishvaksenan & Kalidoss Rajakani 2018, 'Isolation Enhancement in Dual-Band Microstrip Antenna Array Using Asymmetric Loop Resonator', IEEE Antennas and Wireless Propagation Letters, vol. 17, no. 2, pp.238-241.

41. Li Gao, Jun Xiang & Quan Xue 2014, 'Novel Compact Tri-Band Bandpass Filter Using Multi-Stub-Loaded Resonator', Progress In Electromagnetics Research C, vol. 50, pp.139-145.

42. Lin, XM & Chu, QX 2007, 'Design of Triple-band Bandpass Filter Using Trn-section Stepped-Impedance Resonators', International Conference on Microwave and Millimeter Wave Technology, pp. 1-3.

43. Liu, S & Xu, J 2016, 'Multiple-rate codes from block Markov superposition transmission of first-order Reed-Muller and extended Hamming codes', Electronics Letters, vol. 52, no. 18, pp. 1531-1533.

44. Lu, L, Zhu, MZ, Gao, F & Liu, XL 2012, 'Design of Compact Dual-Band Band Bandpass Filter using λ/4 Bended SIRs', Progress In Electromagnetics Research C, vol. 31, pp. 17-28.

45. Lung, C, Chin, K & Fu, SJ 2009, 'Tri-section stepped-impedance resonators for design of dual-band bandstop filter', European Microwave Conference (EuMC), pp. 771-774.

46. Makimoto, M & Yamashita, S 2001, 'Microwave Resonators and Filters for wireless communication Theory, Design and Application', Springer, Tóquio.

47. Mandar P Joshi, Jayant G Joshi & Shyam S Pattbnaik 2020, 'Stub-loaded Retangular Ring Shaped Tri-band Monopole Antenna for Wireless Application', International Journal of Advances in Microwave Technology, vol. 5, no. 2, pp. 227-231.

48. Manish Sharma 2020, "Design and Analysis of MIMO Antenna with High Isolation and Dual Notched Band Characteristics for Wireless Applications", Wireless Personal Communications, vol. 112, pp. 1587-1599.

49. Manouare, AZ, El Idrissi, A, Ghammaz, A & Ibnyaich, S 2016, 'Compact tri-band CPW-fed F-shaped monopole antenna with inverted L-slot for 2.1-GHz/WLAN/Wi-MAX applications', 5th Conferência Internacional sobre Computação e Sistemas Multimédia (ICMCS), pp. 422-426.

50. Marc E Goldfarb & Robert A Pual 1991, 'Modelling Via-hole grounds in Microstrip', IEEE Microwave and Guided Wave Letters, vol. 1, no. 6, pp. 135-137.

51. Matthaei, GL & Shipton, HGL 1994, 'Concerning the Use of High-Temperature Superconductivity in Planar Microwave Filters', IEEE Transactions on Microwave Theory and Techniques, vol. 42, no. 7, pp. 1287-1294.

52. Matthaei, GL, Fenzi, NO, Forse, R & Rohlfing's 1996, 'Narrowband Hairpin-Comb Filters for HTS and other Applications', IEEE MTT-S Digest, pp. 457-460.

53. Md. Shahudul Alam, Norbahiah Misran, Baharudin Yatim & Mohammad Tariqul Islam 2013, 'Development of Electromagnetic Band Gap Structures in the Perspective of Microstrip Antenna Design', International Journal of Antennas and Propagation, Article ID 507158, p. 22.

54. Mo, Y, Song, K & Fan, Y 2014, 'Miniaturized triple-band bandpass filter using coupled lines and grounded stepped impedance resonators', Microwave Wireless Component Letters, vol. 24, no. 5, pp. 333-335.

55. Mohammad Saadh, AW, Kavitha Ashwath, Poonkuzhali Ramaswamy, Tanweer Ali & Janume Anguera 2020, 'A Uniquely Shaped MIMO Antenna on FR-4 Material to Enhance Isolation and Bandwidth for Wireless Applications', International Journal of Electronics and Communication, vol. 123, p. 153316.

56. Naoto Sekiya & Shunsuke Sugiyama 2015, 'Design of Miniaturized HTS Dual- Bandpass filters using Stub- loaded Meander Line Resonators and their applications to Tri-band Bandpass Filters', IEEE Transactions on Applied Superconductivity, vol. 25, no.3, pp. 1-5.

57. Nguyen, C & Chang, K 1985, 'On the analysis and design of spurline bandstop filters', IEEE Transactions on Microwave Theory and Techniques, vol. 33, no. 12, pp.1416-1421.

58. Ning, H, Wang, J, Xiong, Q & Mao, L 2012, 'Design of Planar Dual and Triple Narrowband Bandstop Filters with Independently Controlled Stopbands and Improved Spurious Response', Progress in Electromagnetics Research, vol. 131, pp. 259-274.

59. Peng, L, Ruan, C & Xiong, J 2012, 'Compact EBG for Multi-Band Applications', IEEE Transactions on Antennas and Propagation, vol. 60, no. 9, pp. 4440-4444.

60. Qian Li, Alexandros P Feresidis, Marina Mavridou & Peter S Hall 2015, 'Miniaturized Double-Layer EBG Structures for Broadband Mutual Coupling Reduction between UWB Monopoles', IEEE Transactions on Antennas and Propagation, vol. 63, no.3, pp.1168-1171.

61. Rambabu, K, Chia, MYW, Chan, K & Bornemann, J 2006, 'Design of Multiple-Stopband Filters for Interference Suppression in UWB Applications', IEEE Transactions on Microwave Theory and Techniques, vol. 58, no. 8, pp. 3333-3338.

62. Rupali & Rajni 2017, 'A Review of Stepped Impedance Resonator in Microwave Circuits', Conferência Nacional sobre Computação', Conferência Nacional sobre Comunicação e Sistemas Elétricos, dezembro de 2017- Proceeding.

63. Sagawa, M, Makimoto, M & Yamashita, S 1997, 'Geometrical structures and Fundamental Characteristics of Microwave Stepped-Impedance Resonators', IEEE Transactions on Microwave Theory and Techniques, vol. 45, no. 7, pp. 1078-1085.

64. Saveedra, CE 2001, 'Microstrip Ring Resonator using Quarter wave Couplers', Electronics Letters, vol. 37, pp. 694-695.

65. Sharawi, S, Ahmed B Numan, Muhammad U Khan & Daniel N Aloi 2012, 'A Dual-Element Dual-Band MIMO Antenna System with Enhanced Isolation for Mobile Terminals', IEEE Antennas and Wireless Propagation Letters, vol. 11, pp.1006-1009.

66. Sheng Peng & Hongxing Zheng 2015, 'Design of Coplanar Waveguide-Feed Antenna', International Journal of Engineering Research and Technology (IJERT), vol. 4, no. 7, pp. 1171-1177.

67. Takahiro Unno & Naoto Sekiya 2018, 'Compact High-Pole HTS Triband Bandpass Filters Using a New Feeding Structure', IEEE Transactions on Applied Superconductivity, vol. 28, no. 4, pp.1-5.

68. Tianqi Hao, Zhuangli Dong & Huang 2018, 'Design of 19 GHz-26 GHz Microstrip circulators based on ferrite material', 12th Simpósio Internacional de Antenas, Propagação e Teoria EM (ISAPE), pp. 1-3.

69. Uchida, H, Kamino, H, Totani, K, Yoneda, N, Miyazaki, M, Konishi, Y, Makino, S & Hirokawa, J & Ando, M 2004, 'Dual-band rejection filter for distortion reduction in RF transmters', IEEE Transactions on Microwave Theory and Techniques, vol. 52, no. 11, pp.2550-2556.

70. Wang Wenping, Kuang Jialong, Zhao Lei & Mei Xiaohan 2011, 'Microstrip Bandstop Filters Using Spurline and Defected Ground Structures (DGS)', Cross strait Quad- Regional Radio Science and Wireless Technology Conference, pp. 630-633.

71. Weng, LH, Guo, YC, Shi, XW & Chen, XQ 2008, 'An Overview on Defected Ground Structure', Progress In Electromagnetic Research B, vol. 7, pp. 173-189.

72. Wen-Hua Tu & Kai Chang 2005, 'Compact Microstrip Bandstop Filter Using Open Stub and Spurline', IEEE Microwave and Wireless Components Letters, vol. 15, no. 4, pp. 268-270.

73. Wenquan Che, Xiao Jing Ji & Edward KN Yung 2008, 'Miniaturized Planar Ferrite Junction Circular in the form of Substrate -Integrated Waveguide', International Journal of RF and Microwave Computer -Aided Engineering, vol. 18, no. 1, pp. 8-13.

74. Wu, GL, Mu, W, Dai, XW & Jiao, YC 2008, ' Design of Novel Dual band Band Bandpass Filter with Microstrip Meander-Loop Resonator and CSRR DGS', Progress In Electromagnetics Research, vol. 78, pp. 17-24.

75. Xiaotao Cai, Dejing Yu, Huifeng Wang & Rugang Hu 2013, 'Design of a Miniaturized Microstrip Wilkinson Power Divider', Applied Mechanics and Materials, pp. 303-306.

76. Young-Hoon Chun & Jia-Sheng Hong 2008, 'Electronically Reconfigurable Dual- Mode Microstrip Open-loop Resonator Filter', IEEE Microwave and Wireless Components Letters, vol. 18, no. 7, pp. 449-451.

77. Zhang, XY, Xue, Q & He, JB 2010, 'Planar tri-band bandpass filter with compact size', IEEE Microwave Component Letters, vol. 20, no. 5, pp. 262-264.

Printed by Books on Demand GmbH, Norderstedt / Germany